UnRead
—
探索家

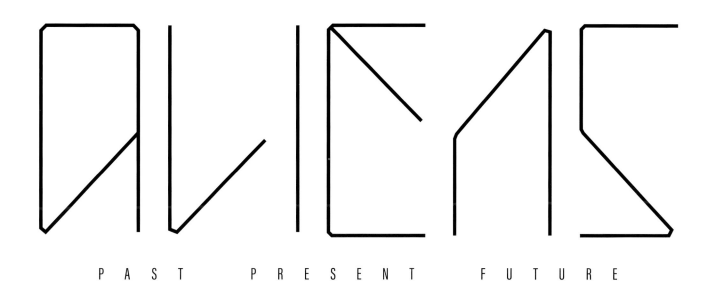

ALIENS

PAST PRESENT FUTURE

外星生命简史

人类400年地外生命探索与想象全记录

[美] 罗恩·米勒 Ron Miller ———— 著　罗妍莉 ———— 译

北京联合出版公司
Beijing United Publishing Co.,Ltd.

外星生命简史

[美] 罗恩·米勒 著
罗妍莉 译

图书在版编目（CIP）数据

外星生命简史 /（美）罗恩·米勒著；罗妍莉译 . —北京：北京联合出版公司 , 2018.10
ISBN 978-7-5596-2730-8

Ⅰ . ①外… Ⅱ . ①罗… ②罗… Ⅲ . ①地外生命—普及读物 Ⅳ . ① Q693-49

中国版本图书馆 CIP 数据核字 (2018) 第 234047 号

Aliens: Past, Present, Future

by Ron Miller

This translation of *Aliens: Past, Present, Future*, first published in 2018, is published by arrangement with Elephant Book Company Limited of Southbank House, Black Prince Road. London SE1 7SJ, England.
Copyright © 2017 Elephant Book Company Limited

Simplified Chinese edition copyright © 2018 United Sky (Beijing) New Media Co., Ltd.
All rights reserved.

北京市版权局著作权合同登记号：图字：01-2018-7286 号

选题策划	联合天际·边建强
责任编辑	夏应鹏
特约编辑	黄丽晓　杨梦楚
美术编辑	Caramel
装帧设计	Caramel

UnRead
—
探索家

出　版	北京联合出版公司
	北京市西城区德外大街 83 号楼 9 层　100088
发　行	北京联合天畅文化传播公司发行
印　刷	北京联兴盛业印刷股份有限公司
经　销	新华书店
字　数	220 千字
开　本	889 毫米 × 1194 毫米 1/12　19 印张
版　次	2018 年 10 月第 1 版　2018 年 10 月第 1 次印刷
I S B N	978-7-5596-2730-8
定　价	199.00 元

关注未读好书

未读 CLUB
会员服务平台

目　录

推荐序 1

大卫·布林[1]——关于外星生命的思考

有一层玻璃天花板。一排排候选者就挤在这层天花板底下，你推我挤，吵嚷不休。海豚和猿猴，大象和海狮，鹦鹉和乌鸦，还有土拨鼠甚至章鱼。每隔几年，科学家就会发现，又有一个物种也具备某些我们自以为只有人类才会有的特质，比如，一定程度的"语言"沟通技巧、某种使用工具的能力。

对许多人而言，这些发现可以让人在心理上更为成熟，因为人类由此认识到，我们并非唯一具有精神生活或某种逻辑和对话能力的存在。在意识到"我们毕竟没有那么特别"的情况下，我们会生起一种欣慰之情，并心怀敬畏。不过，我们还是再来审视一下这群物种吧。具有非常基本的"说话"和操控能力的物种层出不穷，却没有哪一种跃到过那层坚固的天花板上方。就仿佛大自然和达尔文都异口同声地说："到这一步，很多都能轻而易举地爬上来；不过，要再往上走，可就难了。"这一物种聚类真能说明智人就是那么特殊吗？无论好坏，从 100 万年前开始，人类就撞破过一层又一层玻璃天花板，而且有证据显示，近百万年来人类又曾多次做到过这一点。

所有生物都活在时间的洪流中，而人类具备充分的自我意识，可以就此发表意见，哀叹过去，担忧未来。是沉迷过去还是放眼未来，这足以定义一个文明。整个世界范围内，大多数历史悠久的文明都相信，曾经存在过某个失落的黄金时代，当时的人们所知更多、所思更崇高、离神更近，却从恩典中跌落。在这种循环往复的沉闷世界观下，生于更晚近、更俚俗年代的男男女女便只能以嫉羡的眼光回首过去，凝神细听古代辉煌智慧留下的余响。只有少数社会敢于反驳这种怀旧主义的标准教条。崇尚科学的西方文明抱持着一种自以为是的进步观念，将我们心目中的黄金时代定义于未来，并竭力朝这个方向奋斗，用技艺、汗水和美好愿望为子孙后代建造起人类的丰碑——只要我们能设法做好准备。

我们不仅在时间上面向未来，在空间上也向外探求，寻找着不同的面孔和声音。在其他作品［一本叫《他者》（Otherness）的书］中，我曾经谈及这种对接触的渴望，可能根植于我们乐于群居的猿类天性中，但在这一崭新的既自以为是又心存向往的社会形态下，渴望的程度又大为提升。这是我们喜欢思考外星生命问题的原因之一。在本书中，这种渴望和探究被罗恩·米勒描绘得十分传神，而这一点甚至在数千年前就已经有极个别人思考过了。但这种兴趣转为沉迷，并在 20 世纪变得越发浓厚，这一点，体现在我们的太空计划中，体现在对外星生命的严肃探索中，比如 SETI（地外文明搜寻计划），尤其更加体现在科幻小说中。

所以我们才有幸读到本书，这是一场好奇心和审美力的盛宴。罗恩·米勒的著作总是展现出无拘无束的气魄、创造力和勇气，以及对宇宙无限可能的欢喜好奇。在本书《外星生命简史》（Aliens: Past Present Future）中，他又引领我们踏上了一场关于他者的探究之旅，展示了外星生命的概念在几个世纪以来是如何发展和演变的。这是何其壮阔的一次旅程啊！敬请各位读者阅读，并能从书中找到一些乐趣，乃至从帷幕之外或自身面临的玻璃天花板上方可能存在着的各种奇谈怪论中获得启发。要知道，总有一天，我们会发现，实际情况也许会比揣测的更为离奇。

对页图：《关于多重世界的对话》（原名 Entretiens sur la pluralité des mondes，英译名 Conversations on the Plurality of Worlds，1686 年）书中的一幅插画。法国作家、科学家伯纳德·勒博维尔·德·丰特奈尔（Bernard Le Bovier de Fontenelle）首次尝试描述其他世界的居民，他的描述乃是基于生命在其上演化发展的这颗行星本身的物理环境。

推荐序 2

约翰·艾略特[2]博士——与外星生命的沟通

生命一旦形成，其核心节奏就是要在所处环境中生存和发展。在我们的地球上不断发现这种适应的新实例，尤其是在条件最为极端的那些"角落"里，相比我们人类自身的生存模式而言，由当地环境塑造而成的那些生物充满了不可思议。

最终与另一世界的智慧生命相遇时，无论我们接触到的，是与自身生理机能相似的生命体（正如历史上曾经预测或想象过的那样），还是超出我们常规期望的生命体（不管其大小如何），都不大可能完全超出我们想象的范畴。但就实际而言，最不可能的情形反倒是，我们在这浩瀚的宇宙间是独一无二的存在。

随着人类技术发展和理解能力的进步，我们对曾经隐藏在遥远恒星周围的行星进行研究和揭示的能力也正日益增强，许多其他世界的存在如今也有了确切证据，有的甚至就位于我们银河系的"后院"。如果说高级智能存在着某种显著属性的话，那一定就是能够对信息进行异步传输的能力：令其穿越不同时空。在我们自身所处的行星，即地球上，我们表现出了获取知识信息，从而构建起全人类共同拥有的集体智慧的能力。例如，自 20 世纪 90 年代后期以来，我本人的著作——这也迅速使得我与"地外文明搜寻协会"（SETI Institute）携手合作——始终专注于如何侦测和理解来自外星生命的此类信息，发现这一"信号"宇宙中的语言有何特殊之处，或许有助于我们对其加以识别。

在此之前，大多数的科学研究都只专注于探测外星科技的存在与否。而在这一新的探索中，通过对人类历史上各种语言类型进行研究，有助于我们深入理解信息交流的核心结构，这超越了语义与符号、声音之间那种随意的匹配。在此，我们发现了认知和语言交换机制（大脑）的"指纹"，从而形成一种通用的模板，能够用以识别传递信息的未知的系统。非人类交流的例子，如海豚、猿、鸟和机器人表达的信息，也同样加入了这个模板之中。

如同任何进入未知领域的冒险一样，我们总得从某处开始。从科学家的角度来看，最好的基础莫过于先看看我们目前已经掌握的知识，然后再将我们的视野扩展到这一边界之外。与塑造我们身体差异的环境驱动因素一样，部落制度也成为催生我们语言多样性的引擎。然而，对于其他文明而言，社群和地域催生出的这部分内容可能已被削弱。我们的生理机能直接影响了对信息交流的运用，这是一种生死攸关的关键属性。因此，尽管科学将获取到的基于证据的知识合理化，并提供了一些可靠的方法，但有时仍然要靠想象力才能弥补其间的差距，帮助我们通向最终的发现。

我们也不得不承认，曾经出现过大量所谓的"真理"和"绝对准则"最终被证实并不准确或实乃谬误的情况，比如，我们一度相信世界是平的，位于宇宙的中心。因此，对于今天的所谓绝对真理，我们也应当保持一种适当的怀疑态度。其实人类尚不知晓的内容仍然不可胜数。我们的口号应该是保持开放的思想，拥抱崭新的思维，因为因循守旧的知识曾经一次次让我们走上错误的道路。同样值得铭记的是，其他智慧"生命"的形式可能是超越生物

右图：哈勃望远镜捕捉到的由气体和尘埃组成的参天巨柱，足有3光年高，位于船底座星云（Carina Nebula）。新技术不断将我们的视野推进到宇宙更深处，增加了探测到外星生命的可能性。

性的存在，因此也未必受我们概念中所认为的生命形式的约束。

然而，一旦与外星生命的接触实际发生，我们就需要在最大限度上做好准备。在与之相关的努力中，在对沟通工作有所了解的情况下，对于发现外星生命后，如何建立信息响应机制也是重要的研究内容。国际宇航科学院[3]下属的地外文明搜寻协会已经拟定了一项经过协商的自愿协议，来指导我们在接触后的行动。然而，在学术界之外，目前在这方面尚未达成任何有效的国际协议，也就谈不上经世界各国政府达成一致的远景策略。至多来说，这也只是一项正在进行的工作。乐观来看，接触很可能会通过来自遥远宇宙的某种"信号"来建立，这至少给了我们充足的时间（数以年计）来考虑我们有哪些可行的选择，并对这一现象加以分析。

在本书中，借由大量图片的辅助，我们将通过想象、假设、推测来进行探索，帮助我们思考"外星生命"这一问题，但在此过程中，我们将始终以作者的思考为平衡点和落脚处。这一旅程既涵盖了人类早期关于宇宙的发现、关于外星生命是何等面目的观点（包括流行文化和神话传说），也包含我们现在和未来可能做出的科学努力。如此一来，本书提供了一种令人耳目一新的客观视角，来看待我们心目中的外星生命，并反思人类所思索的一个最基本的问题：

我们是独一无二的吗？

前言

太虚者，一国也；天地者，国中一人而已。一树之果何其繁，一国之人何其众。试想之，若除我辈所见之天地外，别无天地，岂非悖理乎哉！

——宋代学者穆腾（生卒日期不详）

猜测其他世界的生命是什么样，这是一件很有意思的事。在火星上有什么奇怪的生物？在冥王星上呢？在围绕其他恒星的行星上呢？这不仅是个很好的问题，也是个很重要的问题。首先，要回答这个问题，我们必须回顾一下，在我们自己的星球上，生命是如何形成的。地球上的生命为什么看起来是今天这副模样？在多大程度上是受到我们生活的这个世界影响，又有多少是纯属概率使然？无论生命采取了怎样的形式，又在哪里形成，都必然会不可避免地产生与我们相似的智慧生命吗？抑或可能沿着我们完全无法想象的路径向前发展？

也许还有更为宏大的问题，关乎我们在宇宙中的地位。我们究竟是独一无二的，还是与其他无数物种共享宇宙空间？在宇宙可观测的范围内，有十万亿颗恒星存在，难道仅仅在我们这一颗星球上，才有智慧生命演化而成吗？这些都不可能被视为无关紧要的问题。

那么，我们在宇宙中真的是孑然一身吗？我们是太阳系里的唯一吗？地球是唯一有生命存在的行星吗？随着 21 世纪的开启，天文学家们似乎可以给出一个答案，其中具有意义深远的各种可能性。正如伟大的科学家、作家亚瑟·查尔斯·克拉克[4]所言："有时我认为我

们在宇宙中是孤独的，有时则不然。无论上述哪种情况，都是相当令人惊愕的。"

对异世界生命的猜测也对我们的文化产生了不可估量的影响。尤其是娱乐产业，产生了成千上万的科幻故事、小说、漫画和电影。甚至于所有哲学和宗教，都可谓建立在"其他行星也有生命存在"这一基础理念之上，在若干启示录中，来自异世界的访客选择使徒的内容也揭示了这一点。这些信念当中有许多是绝对真诚的，另一些则可能稍逊一筹。

某些信念实际上可能是地心说的孑遗，在哥白尼之前几千年的时间里，这一理论推动了天文学的发展。这也是我们每个人心中都固有的狂妄自大的一部分，我们都希望自己这颗星球——尤其是我们这一物种——不仅是宇宙的中心，而且也是宇宙中最举足轻重的存在。而这也正是大多数宗教的中心思想，即相信整个宇宙不仅围绕着我们旋转，而且还是特意为我们创造的。所以人类很自然地认为，如果宇宙中真的存在其他智慧生命，那我们也会是他们关注的中心。

言及此处，或许值得一提的是，有一个主题并非本书主旨，尽管在某些部分也有所提及，那就是不明飞行物。关于这一点，存在两

左上图：早在外星生命观念成为流行文化的一部分之前，更不要说科学家对其所抱持的兴趣了，诸如里奥·莫雷（Leo Morey）这样的科幻小说插画家，便十分喜爱描绘其他世界可能存在的生命形象，图为他1935年的作品。

右上图：在登载于《科利尔》（Collier's）杂志的漫画中，美国艺术家格伦·贝恩哈特（Glenn Bernhardt）对20世纪50年代的飞碟热做了诙谐的勾画。未造访的外星人与身穿宇航服的孩子们相映成趣，也嘲弄了当时众多科幻剧的大行其道，如《太空巡逻队》（Space Patrol）。

个问题。

第一，关于 UFO 到底是什么的理论有很多，其中最受欢迎的可能是"天外来客假说"，即 UFO 是由来自其他星球的生物驾驶的宇宙飞船。问题在于，同时存在着若干相互矛盾的理论，其中有些我将会去讨论，而所有这些理论都同样有根有据。关于飞碟和不明飞行物的主题无疑是外星人和地外生命的一部分，我们也不能完全加以忽视，至少在其对有关外星生命的流行观念的影响上是如此。另外，我们想要重点探讨的是，生命是如何在其他世界演进的，以及这些生命可能是怎样的。第二，不明飞行物这一主题固然有趣，但如果花费过多时间加以关注，那就好像把焦点放在"圣路易斯精神号"飞机或"阿波罗11号"飞船上，而不是放在飞行员查尔斯·林白[5]，或宇航员阿

姆斯特朗、奥尔德林和柯林斯身上一样，未免喧宾夺主。即使 UFO 确实是由来自其他世界的外星人驾驶的，我们也应该讨论飞行员是谁，或者是什么，并且关注它们是如何到达地球的。虽然在一定程度上而言，UFO 话题与任何关于外星生命的讨论都密切相关，但 UFO——无论它们是否真的存在——确实是一个完全不同的主题（相关书籍早已不计其数了），我们也需要小心谨慎，以免远离本书的真正主旨：外星生命本身。

不过，即便本书对不明飞行物和飞碟的问题只是顺带提及，这仍是一个庞大主题，若要对其加以梳理，非得专门另写一书不可，且与本书一样只能略述一二。直到如今，在整个宇宙中，我们所知的唯一生命范本，就是在自己星球上目睹的种种生命形式。时至今日，我

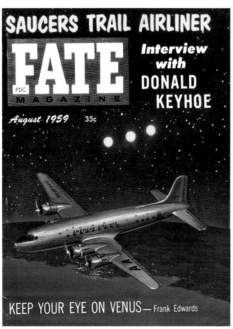

对页上图：1952 年的奥地利电影《2000 年 4 月 1 日》（ *1 April 2000* ）看似讲述的是一场外星人入侵事件，其实却是由未来的世界法庭派遣的宇宙飞船，前来对这个国家进行审判。如同当时众多拍摄宇宙飞船主题的其他电影制作人一样，德裔导演沃尔夫冈·利本艾纳（Wolfgang Liebeneiner）通过借鉴众多 UFO 观察者描述的模式，从而让他的作品看起来更"真实"。

对页下图，从左到右：近 70 年来，《命运》（*Fate*）杂志报道了目击飞碟、遭遇外星人和体现公众对外星生命所持兴趣的众多其他事件，以及外星人从其他星球前来地球造访的可能性。

上图：这张著名的 UFO 照片摄于 1958 年，是阿尔米若·巴鲁奥纳（Almiro Barauna）在巴西特林达迪岛（Trinidade）上拍摄的。这场骗局最终于 2010 年被揭穿。

们也不知道，在数十亿星系和数万亿恒星之间，哪里还有生命存在。不过……倒是有一些诱人的线索。我们现在知道，无论我们将目光投向何处，生命的基本组成部分——有机分子和化合物，氨基酸和水——都有大量存在。在我们所处的太阳系里，我们也知道，火星上曾经有丰富的水，或许今天仍然如此，即便是深埋地下，以冰的形式存在。而土卫六，土星那颗巨大的卫星，其体积之大，若是直接围绕着太阳旋转，本身便堪比一颗行星的尺寸，它的表面覆盖了一层有机物质。木卫二和土卫二的冰壳之下，是富含有机化合物的海水。近年来，一些天文学家又发现了太阳系以外的行星，或许

同样适合生命的发展演化。离太阳系最近的恒星——比邻星，距离我们只有 4.22 光年之遥，它拥有一颗与地球差不多大小的行星。这颗行星在比邻星的"宜居带"内运行（恒星附近的这一区域既不太热，也不太冷，足以维持生命的存在），并且表面可能有液态水。

因此，克拉克提出的那个问题，答案很可能会是如此：我们不仅不是独一无二，而且生活在一个生机勃勃的宇宙中。

是存在多个世界，还是只存在一个世界？这是自然研究中最崇高、
最有价值的问题之一。

——艾伯塔斯·马格努斯[6]，13 世纪

PART1
地球之外的世界

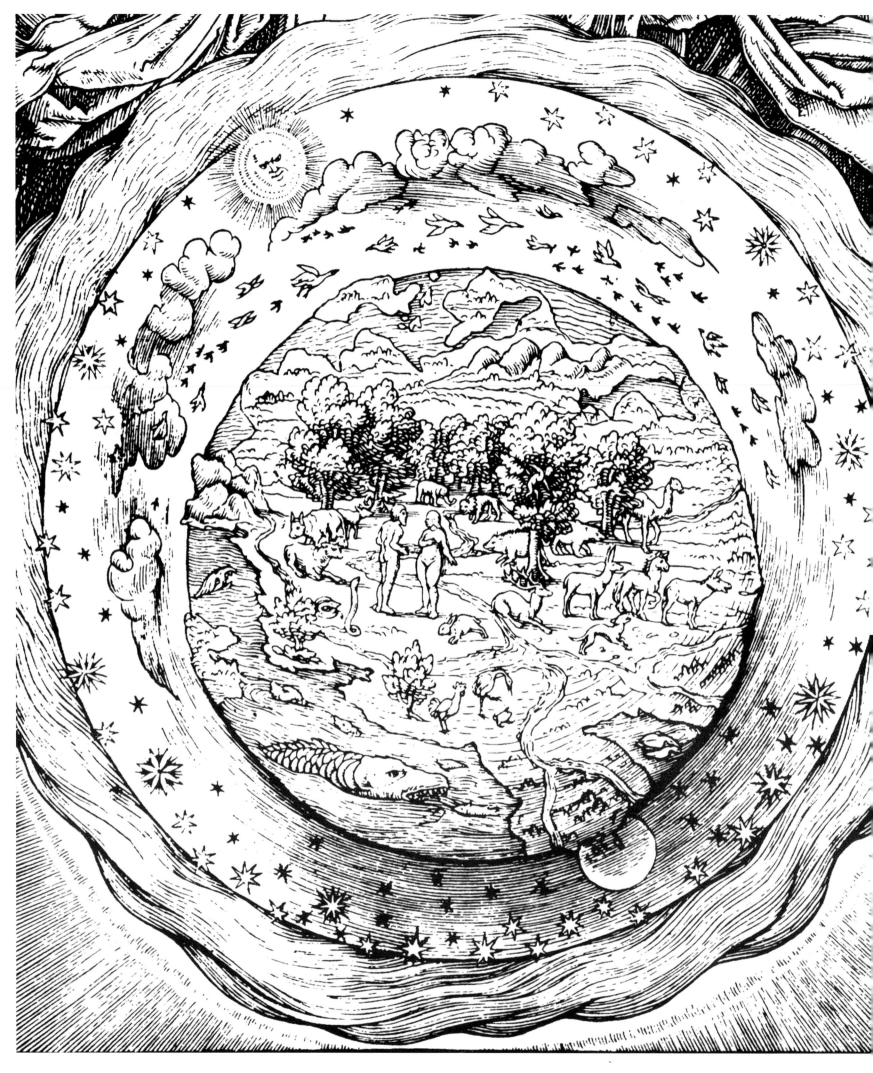

01

发现宇宙

在 1610 年 1 月 6 日晚之前，大多数人都确信，他们所知的世界在宇宙中占据了一个特殊的、独一无二的位置。当然，任何人都可以看到太阳、月亮和星星围绕着地球旋转。此外，除了这个世界之外再无别的世界存在。他们这些认知既来自常识，也源自宗教教义。犹太－基督教传统以年代更早的巴比伦宇宙论为基础，坚持认为地球扁平而静止，太阳和月亮围绕着它转动，天空则是一个坚固的圆顶，笼罩在上方。直到有少数哲学家开始对周围的宇宙质疑，这些想法才开始有所改变。首先，他们开始怀疑，地球是否在围绕着太阳运转，而不是相反。这一理论很难得到证实，而且也违背了常识和简单的观察经验：谁都看得见，太阳与星辰一样，绕着地球运转，因此，地球是它所属的整个宇宙的中心。

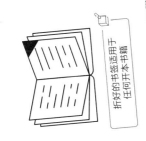

的《圣经》
伊甸园，四
天空）。

外（先从
火星（红
王星、海

扫码回复"教程"
手把手教你折书签

折好的书签适用于
任何开本书籍

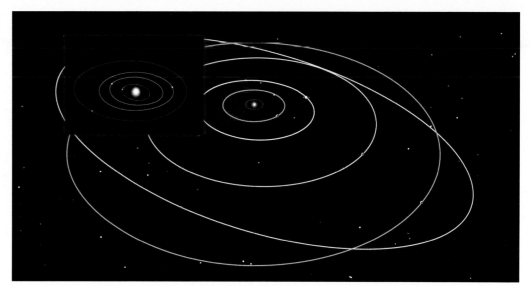

**因人人……都必知晓，天文学迫使
灵魂仰望星空。**

——格劳孔[7]，摘自柏拉图《理想国》
(*The Republic*)，公元前 380 年

上图:《圣经》中描述的地球在很大程度上来源于早期
巴比伦人的概念。大地是平的，由若干根柱子支撑。
地下是泉水和冥界，上方则是固态的穹顶状天空。

一种全新的宇宙观

关于宇宙的科学新观念并不怎么受欢迎。公元前 434 年左右，古希腊科学家、哲学家阿那克萨哥拉（Anaxagoras）被驱逐出雅典，因为他认为太阳是一块白热的石头，还没有伯罗奔尼撒半岛大——那座半岛位于希腊南部，面积约为 2590 平方千米（约 1000 平方英里）。然而，古代科学家们在尝试了解太阳的真实尺寸和距离时，却只有极少数人质疑过太阳绕地球运行的所谓"事实"——至于提出不同看法的那些人，则从未得到过真正严肃的对待。这似乎只是一种起码的常识——无论哪个人每天都能看得见。他们认为，毋庸置疑，地球静止不动，而太阳则东升西落。这也同样适用于地球在宇宙中所处位置的宗教观念：地球位于宇宙中央，而其他一切天体，包括太阳、月亮、其余恒星和行星，都沿着围绕地球运行的轨道旋转。怀疑这一点似乎不仅荒谬，甚至还可能被视为异端邪说。

直到公元前 400 年之后，古希腊科学家欧多克索斯（Eudoxus）开始思考天上的实际情形究竟如何，这种情况才开始改变。如同当时的大多数人一样，他相信地球位于宇宙的中心。但这无法解释他观察到的一些天体运动现象。例如，有 5 颗特定的星就出现了问题。天空中其余所有星星都一起由东向西移动。由于它们彼此之间似乎并没有相对运动，因此被称为恒星。但是恒星当中有一小部分星体却在做相对运动。希腊人把这些奇怪的星星称为流浪者，而在希腊语中，"流浪者"这个词就是"planete"（英文行星为 planet）。

地球上的外星人：
关于陌生的遥远地域的生命猜想

千百年前，我们星球上的大部分地域如同月球背面那样曾不为人知。对早期的欧洲探险者而言，南北美洲、非洲大陆腹地以及遥远的亚洲大陆，其陌生程度与今天的火星、金星或木星相差无几，甚至有过之而无不及：那些星球就在天上，我们至少凭借肉眼就能看得见。及至17世纪后，任何人只要借助望远镜就可以观测月球，但若要探索远隔重洋的那些新发现的未知大陆，我们则必须亲身前往。事实上，在新大陆的内陆地图绘成之前，月球和火星的

详细地图就早已绘制出来了。当探险家们开始发现和探索位于大洋彼岸或难以逾越的大陆腹地这些刚刚发现的新世界时，他们带回来的记述中描绘了目睹的那些令人震惊的事物。某些情况下，他们对自己看见的那些东西根本无法理解。怪异的原始装扮、头饰和身体彩绘可能就曾误导过某位欧洲探险家，让他大惊失色，误以为自己看到的是某种非人的可怕怪物；也有人可能会因为自身的误读或误解而草率地得出结论。奇形怪状的动物，例如长颈鹿、犀牛

上图：这幅16世纪的木刻版画出自汉斯·维迪茨二世（Hans Weiditz II）之手，描绘了近代与外星来客相遇的可能。

或大象，可能会让观察它们的人在描述的时候感到词穷。而在另外一些情况下，探险家也可能会为了让他们的冒险听起来更刺激，而凭空捏造出某些奇怪的生物。凡是遇到那些描述起来含混不清或古怪的地方，或是在图中有需要填补的空白时，绘制地图和制作图解的人也常常会肆意地放任自己的想象力。

……按照我本人的猜测，宇宙不仅比我们想象的奇异，甚至会大大超出我们所能够想象到的。
——J.B.S. 霍尔丹[8]，1927 年

为了解释这一运动，欧多克索斯提出，地球一动不动地处于一系列透明球体的中心，每一个球体都可以自由地朝着任意方向旋转。这些所谓恒星附着于外层球体之上，它们在夜空中缓慢地移动是由这一球体的旋转所引起的。第二大球体上依附着"流浪者"，即土星。而木星、火星、太阳、金星、水星和月亮则各自附着在余下的球体之上。由于这些球体可以独立运动，所以行星似乎在恒星构成的背景上运动。这一优雅而复杂的系统能够解释大多数观察到的运动，却仍有许多疑问无法解释。

另一位古希腊科学家亚里士多德对地球处于万物中心的位置毫不怀疑。他接受了欧多克索斯的同心球体说，但也重新提出了地球本身是球形的观点。毕竟，他提出疑问，在月食期间，可以看到地球在月球上的投影，阴影边缘是曲线，所以他认为，地球本身必定是球形，这一主张十分合理。

公元前 310 年至公元前 230 年的古希腊科学家阿利斯塔克（Aristarchus）不仅相信地球是球体，而且可能还是第一位提出地球如同其余恒星和行星一样围绕太阳旋转的科学家。他说，日月星辰围绕地球运转只是一种幻觉，它们之所以似乎在天空中移动，只是因为地球本身也正沿其轴心运转。尽管他的说法极为正确，但他的思想却被认为不过是一个有趣的哲学思想实验，很快就被世人所遗忘。

300 多年后，古希腊科学家克罗狄斯·托勒密（Claudius Ptolemaeus，通常称为托勒密，Ptolemy）发表了一篇关于宇宙的阐述，该阐述影响了未来 1500 年的思想。他强烈支持地球并不旋转且位于宇宙中心的理论。托勒密接受了欧多克索斯用以解释月球、恒星和行星运动的透明球体说，但他也意识到，这一假说并不能妥善解释观测到的各行星的所有运动。通过增加重叠圆环的复杂设定，他进一步完善了这一理论。这 5 颗已知的行星中，每一颗都精准地围绕地球进行旋转，但为了解释观测到的偏差，他提出一种假设，即每颗行星既沿其轨道运动，同时也循着一个较小的圆圈移动，称为"本轮"。尽管托勒密的系统需要一个个交叠的圆圈以钟表般复杂的方式进行运动，但这一假说的确既解释了恒星和行星的运动，又能使地球居于万物中心，保持静止不动。因为恰好符合了迅速发展、影响力与日俱增的基督教信仰的需要，这一假说成了不容置疑的教条。事实上，对其进行挑战十分危险。

伽利略的伟大发现

直到距今 400 多年前，人们仍然认为行星是个有意思但并没有什么特别重要性的存在；唯一使之有别于其他成千上万颗星辰的，是行星的运动。没有人想象得到，那些行星其实也有可能是另外的世界。直到 1610 年。

意大利科学家伽利略（Galileo Galilei）一直在用从荷兰引进的一种神奇的新装置来做实验。这种装置只不过是将普普通通的放大镜镜片置于木制或硬纸板制成的管子两端，该装置具备一种显著的特性，就是可以使远处的物体看起来更近。其他人已经了解了这种装置对于

上图：伽利略（1564—1642）是第一个将望远镜对准夜空的人。当他仰望星空时，他的发现永远改变了人类对自身在宇宙空间中所处位置的认知。

左上图：威廉·赫歇尔（1738—1822）本是一位职业音乐家，却以天文学家的身份博得盛名。

右上图：约翰·柯西·亚当斯（1819—1892）是英国天文学家，他仅凭借数学推算就证明了海王星的存在。

航海家和军队的潜在用途，但是伽利略用望远镜做的事情还没有人想到过：他将望远镜转向了夜空。

伽利略获得的新知永远改变了我们对周围宇宙的观念，甚至也改变了我们对地球本身及其在宇宙中位置的观念。他看到，月亮"并非光滑、均匀，也并不像众多哲学家认为的那样，是个完美的球体（其他天体也是如此），而是凹凸不平，遍布坑坑洼洼的凹坑和凸起，与地球表面并无不同"（《星际信使》，原名 *Sidereus Nuncius*，英译名 *The Starry Messenger*，1610 年）。他发现，这些行星不仅是一种特殊

的星体，而且其实还是另一个世界，可能与我们所在的星球非常相似。它们如地球一样呈球形，其中一些——如火星——还有隐约可见的痕迹，伽利略认为，可能是大陆和海洋。金星和水星显现出与月亮相似的盈亏变化，说明它们也在围绕太阳运行，而土星则是个真正的谜团。它似乎有一些怪异的附属物，像是耳朵或把手（又过了 40 年，一位天文学家才用性能更好的望远镜发现，所谓的"耳朵"其实是环绕那颗行星的一系列光环）。伽利略更为惊奇地发现，木星不仅是单独的一个世界，它还有4 颗卫星（尽管现在我们已经知道，它的卫星

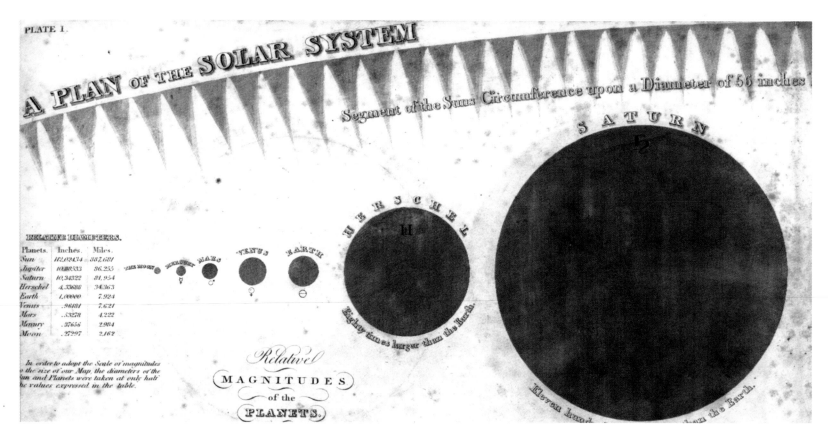

上图：这张于 1835 年出版的行星图包含了行星"赫歇尔"（右二），以其发现者命名。很快这个名字就改成了"天王星"，也是如今普遍使用的名字。

数量至少有 67 个），其自身就仿佛是一个微型太阳系。他发现的这 4 颗卫星——木卫三"盖尼米得"（Ganymede）、木卫一"艾奥"（Io）、木卫二"欧罗巴"（Europa）和木卫四"卡里斯托"（Callisto）——现在统称为"伽利略卫星"，以示对他的纪念。

更多的行星？

1781 年某一天晚上，在观测群星的时候，自学成才的英国天文学家威廉·赫歇尔（William Herschel）发现了一颗全新的行星。在此之前，天文学家并没有费心去寻找过其他行星，因为他们认定，除了已知的水星、金星、火星、木星和土星这 5 颗行星之外，不可能还有其他行星存在。这 5 颗行星加上太阳和地球，共同组成了七大天体。许多人，尤其是基督徒，认为"7"这个数字很重要。因为上帝用七天时间创造了整个宇宙，于是"7"便被赋予了"完整"与"完美"的含义。

起初，赫歇尔还认为他发现的是一颗新的彗星，但彗星的高椭圆轨道与大多数行星的近圆形轨道差异显著。这颗新行星最终被命名为天王星（名字源于缪斯九女神之一、掌管天文的乌拉尼娅），肉眼几乎无法观测到。它的光芒如此微弱，距离又如此遥远，在群星之间的运动几乎毫不引人注目。事实上，自从被发现至今，它一共只绕着太阳转了两圈半。

天文学家最终发现了这颗新行星的奇怪之处。天王星似乎并没有像按照推算所预测的那样运动。它在一些年份似乎落后了，另外在有些年份似乎又移动得太快。1834 年，英国肯特郡的赫西（T. J. Hussey）牧师提出了一种惊人的假设：是否还有另一颗不为人知的行星在绕着天王星轨道运行呢？这颗神秘行星对天王星所产生的引力，可能便是导致这种误差产生的原因。当它位于天王星前方时，其引力会将天王星拖曳得比理应所处的位置更靠前一点；而当它落后于天王星时，其引力则会使它

······对于作为生物栖息家园的那些不可胜数的星球，我们或许有所了解。
——威廉·赫歇尔，1795 年

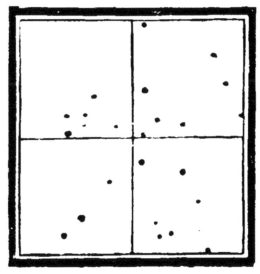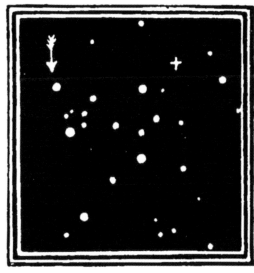

上图：约翰·伽勒（1812—1910）的发现图，图中用箭头指示了海王星这颗新行星在已知恒星中所处的位置。白色小十字指示的是勒维耶（1811—1877）曾预言这颗行星将被发现的位置，两者相差不到 1 度。

减速。

赫西认为，通过研究这颗神秘行星对天王星的影响，或许便有可能预测出其自身所在的位置。及至 1843 年，剑桥大学的一名学生约翰·柯西·亚当斯（John Couch Adams）推算出了他认为这颗新行星应处的位置，他把自己的研究成果寄给了英国皇家天文学家乔治·艾里（George Airy），但艾里却始终将亚当斯的计算结果束之高阁。直到 1846 年，法国天文学家奥本·勒维耶（Urbain Le Verrier）公布了自己独立推算出的结果，勒维耶预测的新行星的位置与亚当斯推算的位置几乎完全相同。然而，与亚当斯的研究成果不同的是，勒维耶的著作得以立即发表。得知此事后，艾里立即指派了两名天文学家——詹姆斯·查理士（James Challis）和威廉·拉塞尔（William Lassell）——来寻找这颗尚未识别出的行星。艾里痛下决心，既然首先宣布新行星所处位置的是法国人，那么首先实际观测到它的就一定

得是英国的天文学家。

查理士在 8 月 4 日和 8 月 12 日两度观测到了这颗新行星，未能核实他的观测结果。与此同时，德国柏林天文台的约翰·伽勒（Johann Galle）和海因里希·达赫斯特（Heinrich d'Arrest）发现并辨认出了这颗行星，它被命名为"海王星"，因其绿色的外观让人联想起罗马海神尼普顿。

天文学家们开始信心倍增，相信奇迹能够再次发生。在《海王星》（*The Planet Neptune*，1848 年）一书中，约翰·普林格尔·尼科尔（John Pringle Nichol）援引勒维耶的话说道："这次成功让我们抱有这样的希望——经过三四十年对这颗新行星（海王星）的观测之后，我们可以再反过来借助于它，发现下一颗离太阳距离更远的星体。"

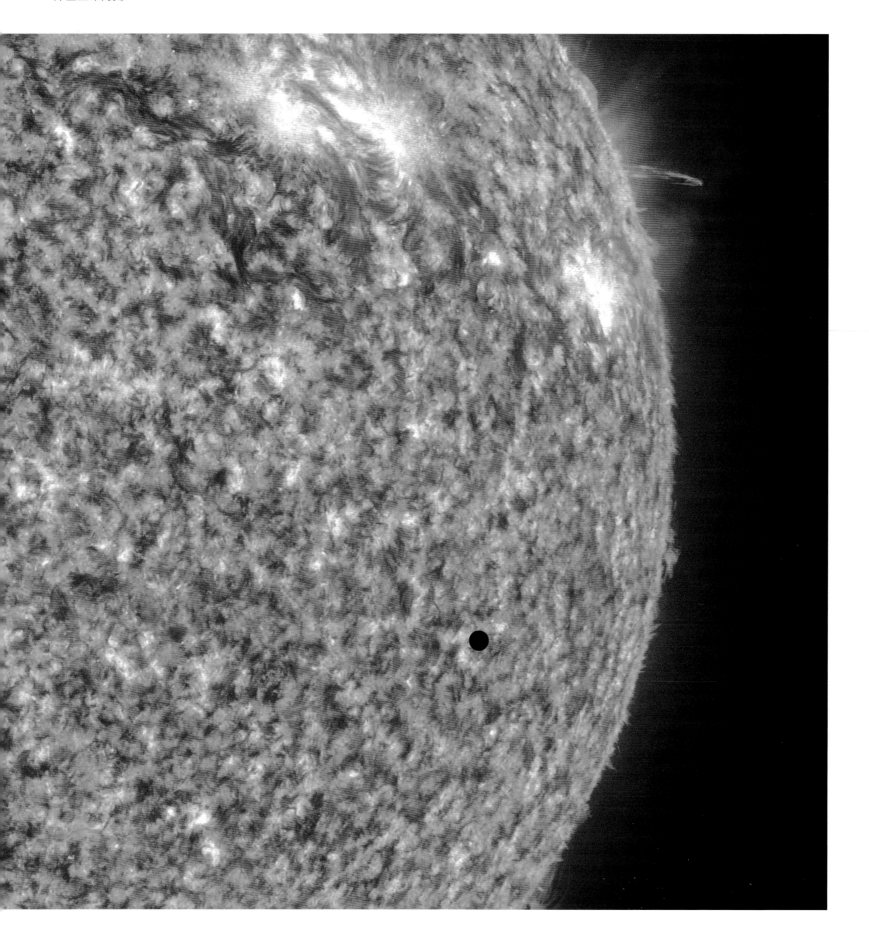

那颗行星的大气层既显著，又适中。
——威廉·赫歇尔，1784 年

对页图：当水星凌日（水星从太阳面前经过）时，看起来就像是位于炽热的恒星表面的一个微小的黑点。

下图：威廉·赫歇尔的 50 英寸（1.27 米）望远镜建于 1785 年至 1789 年间，曾是世界上最大的望远镜，直到 1845 年，72 英寸（1.83 米）的"帕森城的利维坦"（Leviathan of Parsonstown）问世。

错误的开始

发现海王星之后，天文学家们急切地想要弄清，是否还有其他新行星在太阳系的边界上潜伏着。一些人在海王星以外的太空中搜寻，而另一些人则怀疑水星内侧还有另一颗行星正围绕太阳旋转。长期以来的观测始终显示，水星的运行轨道存在着无法解释的干扰，这与天王星轨道的误差十分相似，而当初正是这种误差引出了海王星的发现。人们猜想这种干扰是由一颗未知的行星引起的。

若要观测接近太阳的行星，其困难在于太阳本身——它耀眼的强光令人几乎看不见其附近的任何物体。水星本来就够难观测的了，如果距离太阳更近，情况就更为不妙。但从地

球上进行观测的情况下，水星和金星沿轨道运行时，有时也会出现在太阳的前方。一旦发生这种情况，行星就像是被明亮的太阳表面衬托出来的圆圆的小黑点。天文学家利用专门用于观察太阳的望远镜，开始搜寻起太阳表面，想要找出其中陌生的小黑点——然而太阳表面本来就已经布满了不计其数的太阳黑子，其中任何一个都有可能被误认为是颗神秘的行星，如此一来，就使搜寻工作变得越发艰难。

天文学家们搜寻了将近半个世纪，始终一无所获，直到 1859 年，法国天文学家埃德蒙·勒卡尔博尔（Edmond Lescarbault）宣布，他发现了这颗新行星。他声称看到一个圆形小黑点掠过太阳表面，而当时无论是水星还是金星都不在可见范围内，他还说服了几位举足轻重的天文学家相信这一发现的真实性，其中也包括勒维耶（当时他仍因海王星的发现而声名卓著）。这颗新行星被命名为"火神星"（Vulcan，又译"祝融星"），以罗马神话中的火神为名。勒维耶也许是被海王星的成功发现冲昏了头脑，预测这颗星将于 1860 年 3 月 29日、4 月 2 日和 4 月 7 日再次出现。数以百计的天文学家满怀希望地等待着火神星的出现，却是徒劳。这颗新行星没有出现。事实上，后来再也没有人见过它。

最终，水星轨道的神秘偏移在爱因斯坦的"广义相对论"中得到了解释，相对论解释了时空是如何被太阳的质量所扰乱的。有趣的是，水星的轨道正是借以确立这一理论有效性的测试之一。

> 天空中明亮的光点，或者迎头的一击，同样都能让人看到星星。
> ——帕西瓦尔·罗威尔[9]，1895 年

围绕太阳运行的新世界

自科学史上这一具有里程碑意义的理论突破之后，对海王星以外行星的探索一直被认为毫无希望。一颗行星与太阳的距离越遥远，要想用 19 世纪发现海王星的方法来发现它就变得越困难。这是因为距离最远的行星沿其轨道运行的速度也要缓慢得多。海王星上的一年相当于地球上的 165 年，那么，海王星要移动足够远的距离，好让即便眼睛最尖的天文学家能察觉到更遥远的星体所引起的扰动，也就需要相当长的时间。事实上，自发现以来，这颗行星几乎连一个海王星年都还没有走完。然而，到了 20 世纪早期，来自波士顿的一位富有的业余天文爱好者接受了这一挑战，开始搜寻海王星以外的行星。帕西瓦尔·罗威尔是位才华横溢的数学家，1876 年以优异的成绩毕业于哈佛大学。长期以来，他一直对天文学感兴趣，并决定将其作为自己毕生的事业，专攻火星。凭借自己的财富，他在亚利桑那州弗拉格斯塔夫附近一片海拔 2133 米（约 7000 英尺）的高地——他将其称为"火星山"——上建起了自己的天文台，并凭借自有资金维持其运转（他创立的这座天文台至今仍在作）。

尽管他的主要兴趣是在火星，罗威尔最终还是开始思考，是否有可能忽略海王星，将观测重点转移到天王星上，从而借此确定一颗更靠外的新行星的存在。要想实现这一目标，他就必须比亚当斯或勒维耶更为精确地计算出那颗行星的轨道。他的推理是：天王星出现的任何偏移，无论多么轻微，一旦不能用海王星来加以解释，那就必定是由另一颗行星造成的。这样的运算耗费了许多年，直到 1905 年，罗威尔宣布，他已经确定了 X 行星的轨道，他相信这是一颗距离太阳约 64 亿千米（约 40 亿英里）的小行星，与太阳之间的距离超出地球 40 多倍，需要整整 282 地球年才能完成一次公转。体积如此之小，距离又如此遥远，其踪影必定渺茫得几乎无从发现，因此其发现的难度会比海王星更甚。

然而，与亚当斯和勒维耶相比，罗威尔具有一项显著的优势——他们两人在观测时不得不依赖于自身视觉，所以也就无法超越肉眼和手绘星图的局限性；而罗威尔则有照相机帮忙。他只需要每天晚上拍摄一小部分星空的照片就可以了。通过比较所拍摄的照片，他便能判断出，在成千上万的光点中是否有某一个移动了。

不过，即使是在照片底片上，罗威尔所搜寻的目标也非常微小而暗淡，并且夜空中也还有许多其他同样微小而暗淡的物体，比如彗星和小行星。像这样的虚假线索必须费力地加以剔除。直到 1916 年罗威尔去世，X 行星仍然未被发现。

别的天文学家也纷纷碰了碰运气，同样徒劳无功，对这颗新行星的兴趣也就慢慢淡去了。1929 年，罗威尔天文台安装了一台新望远镜，为搜寻工作重新带来了希望。这台照相望远镜装备有约 33 厘米（约 13 英寸）的透镜，可以探测到比罗威尔所使用的仪器能探测到的暗上许多倍的物体。一位 23 岁的天文学家克

上图：业余天文学家帕西瓦尔·罗威尔（1855—1916）资助并鼓励人们搜寻"X 行星"。

下图：年轻的克莱德·汤博被分派去查看数百张摄影底片，寻找代表着新行星的那颗难以发现的亮点。

P

左、右上图：当汤博在比较两张底片，发现其中的一颗"星星"（如箭头所示）出现前后跳跃时，他意识到自己找到了梦寐以求的"新行星"。

左下图：代表"冥王星"这颗新行星的天文符号，将其英文名字（Pluto）的前两个字母组合在一起。同时也是刻意与帕西瓦尔·罗威尔姓名的首字母（PL）重合，他长期以来一直鼎力支持这项探索。

莱德·汤博（Clyde Tombaugh）被指派去寻找 X 行星。即便有了新设备，汤博的任务仍然很艰巨。照相机每次只能拍摄夜空的一小部分，两三天后，会再次对同样的位置进行拍摄。汤博会把这先后两张照片放到一台名为"闪视比较仪"的设备上。这让他可以先看到第一张照片，然后再看到另一张。他通过快速翻动照片来进行比较，就像动画片里的不同画面一样。固定的光点，例如恒星，就会保持不变。但是，如果两张照片中有哪个天体位置出现了变化，看起来则会来回跳跃。由于每张照片里包含了至少 16 万个小光点——如果银河系的任一部分也同时出现在底片里的话，则会多达 40 万个——这个项目花费了整整一年的时间才完成。为了保险起见，汤博针对每一片星区取了三张底片，这张额外的底片是作为核实之用，以免在核对时错误地将照片上的瑕疵误判为发现。这又额外增加了每天两到三个小时的工作量，而他本来每天都已经得花上六七个小时，辛辛苦苦地坐在"闪视比较仪"前，每次只能检查一平方英寸的范围，并且每天晚上还要拍摄天空。

1930 年 2 月 18 日，汤博正在检查一对底片，进行图像比对时，发现了一个轻微跳跃的点，距离差别相当微小，几乎还不到 1/3 厘米（约 1/7 英寸）。汤博的观测得到了天文学家的证实，于是，在 1930 年 3 月 13 日——罗威尔逝世周年纪念日——天文台宣布发现了 X 行星。关于这颗新行星的名字，人们提出了众多建议。最后选中的是一位名叫维尼西亚·伯尼（Venetia Burney）的 11 岁英国女孩起的名字，因为"冥王星"（Pluto）是罗马神话中掌管冥界的神，似乎非常贴切，而且前两个字母正好又是帕西瓦尔·罗威尔的首字母缩写。

冥王星之外

在冥王星以外，还有其他行星存在吗？这是发现冥王星的消息甫一宣布后，大家提出的第一个问题，对这一话题的讨论从未间断。

克莱德·汤博发现冥王星之时，大多数天文学家都认为，即使还有更遥远的天体存在，要想发现它们也几乎是不可能的。冥王星的发现就够艰难的了，而仅仅为了找到那样一个比针尖大不了多少的点，愿意花费时间和精力去步汤博后尘的天文学家即便是有，也寥若晨星。在发现冥王星之后的十年里，汤博在闪视比较

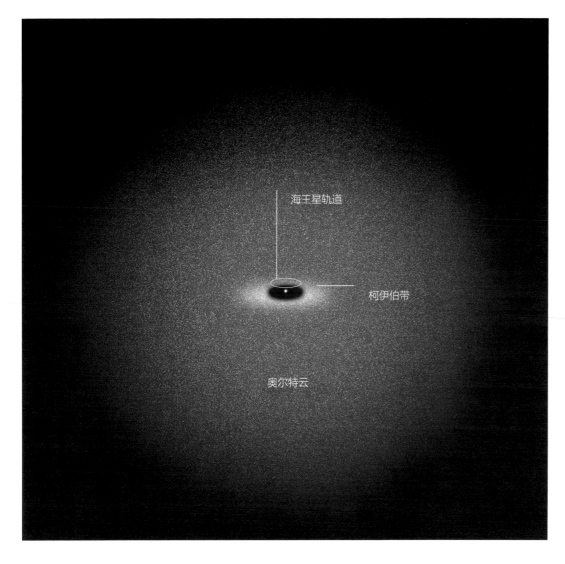

海王星轨道

柯伊伯带

奥尔特云

仪前又耗费了 7000 个小时。他先后发现了小行星、超过 1800 颗变星、近 3 万个星系，其至还有一颗彗星，却没有找到 10 号行星。他最后得出了结论："在土星以外，不存在任何高于 16.5 星等的未知行星……"但许多天文学家对此表示怀疑。

今天我们知道，冥王星的体积很小，甚至与我们自己这颗小巧玲珑的行星相比，更是如此。它的直径仅有 2370 千米（约 1473 英里），大约只有月球大小的 2/3。这颗行星的体积如此之小，又给我们提出了一个亟待考虑的新问题：冥王星显然太过微小，不足以引起天王星和海王星轨道出现偏移；但是，如果引起这种现象的不是冥王星，那又是什么呢？也许真正

的 X 行星我们还没有发现。

冥王星之外可能还存在一颗大体积的行星，这就涉及一个有关彗星的秘密。我们的太阳系被一大群彗星包围着，名为"奥尔特云"（Oort Cloud），是以荷兰天文学家扬·奥尔特（Jan Oort）的名字命名的，他于 20 世纪 50 年代发现了这些彗星。这片彗星云与地球的距离平均值为 5 万 AU（天文单位），是冥王星与太阳距离的 1000 倍以上。大多数偶尔进入太阳系内的著名彗星，如哈雷、苏梅克－利维 9 号或百武（Hyakutake）彗星，都来自奥尔特星云。但是什么将它们送上奔往太阳的向内螺旋的呢？是否有什么天体干扰了彗星的正常轨道？有可能是一颗未知的行星吗？

左图：海王星的轨道之外是柯伊伯带，一个如同冥王星一样的冰寒世界。更远处是巨大的奥尔特云，它是无数亿冰雪覆盖的小型天体的栖身之地，或许也是偶尔撞入我们太阳系内部的那些彗星的源头。

对页图：从我们太阳系的边界处看到的情形。在冥王星之外，是柯伊伯带的酷寒世界，从那里远眺，太阳只不过是夜空中一颗格外明亮的星。

在冥王星之外，至少还应有一颗大行星存在，这几乎是确定无疑的。

———罗恩·米勒

若是有人居住，那片地域该是何等不幸，何等荒唐；若是无人居住，那片空间又岂不是白白浪费。

——（或出自）托马斯·卡莱尔 [10]

对页图："新视野号"（New Horizons）太空探测器于 2015 年飞越冥王星。目前它正飞速掠过柯伊伯带，身在地球上的工作人员希望能操控着这架探测器驶近柯伊伯带上的天体，让科学家们有史以来得以第一次近距离观察这些奇异的世界。

冥王星以外，还存在着与之大小相当的其他天体，这一发现也使我们相信，在太阳系遥远的边界上，还有可能存在着一颗大得多的天体。冥王星之外紧邻的那片区域被称为柯伊伯带（Kuiper Belt），与太阳之间的距离是地球到太阳距离的 30 ~ 55 倍。这一区域在科学上颇具吸引力，其中有成千上万的冰封天体，直径超过 96.5 千米（约 60 英里）。其中有一些体积颇大，偶尔也有个别与冥王星差不多大的。例如，在 2004 年发现的塞德纳星（Sedna）就约有冥王星的 3/4 大小，阋神星（Eris）体积和冥王星差不多，但到太阳的距离却有冥王星的两倍多。

2016 年，加州理工学院的研究人员宣布，他们发现的证据显示，可能存在着一颗体积与海王星相当的行星，正绕太阳系最远的边界运行，与太阳的距离比海王星大约要远上 20 倍，或者说，超出地球的近 600 倍。这一天体的质量约为 10 个地球，完成一次公转所需的时间在 1 万 ~ 2 万个地球年。请注意，目前还没有人直接捕捉到过这颗行星的影像。相反，它的存在仅是根据对柯伊伯带中其他天体的引力作用推断出来的，类似于当年亚当斯和勒维耶根据对天王星的影响，推算出海王星的存在那样。

地球是独一无二的吗？

1710 年，德国数学家戈特弗里德·莱布尼兹（Gottfried Leibniz）曾说过，众多星球中，我们的地球必定是所能想象到的最好的一颗。法国文学家伏尔泰在小说《赣第德》（Candide，1759 年）中讽刺了这一观点。更早之前，在他的经典作品《小巨人》（Micromégas，1752 年，又译《小大由之》）中也探讨过同样的主题。在书中，他描述了一个来自天狼星的外星巨人，当得知人类竟然相信整个宇宙不过仅仅是为了满足人类这一单独物种的利益而创造出来的，宇宙中数十亿颗行星、恒星和其他星系，全都是围绕着沧海一粟的地球和地球上更加微不足道的居民而运转的，这种想法使这位体形庞大的外星来客发出一阵爆笑。然而，300 年

后，很多宗教都提出了同样的观点，甚至有些科学家也表达了类似的怀疑——生命即便存在于其他地方，也是一种极其罕见的现象。山古生物学家彼得·沃德（Peter Ward）、天体物理学家霍华德·史密斯（Howard Smith）和天文学家唐纳德·布朗利（Donald Brownlee）所倡导的"地球殊异假说"乃是基于如下前提：极端条件很可能是其他行星的常态，而我们在地球上发现的宜居环境可能是独一无二的。然而实际上，在《地球殊异》（Rare Earth，2000 年）出版后的 15 年间，无论是我们太阳系自身内部的发现，还是类地行星可能比原先认为的要普遍得多这一发现，都令该理论看起来没那么站得住脚了。

上图：伏尔泰（1694—1778）是法国启蒙思想家、历史学家、哲学家和讽刺作家，他特别喜欢攻击宗教教条，尤其是涉及地球在宇宙中所处位置的那些早期思想。

地球上的外星生命体

几个世纪以前，在我们自己这颗星球上发现的新世界，就像火星或金星那样陌生而神秘。人们企图想象在这些地方栖息着怎样不可思议的生物，这也是近代科幻小说作家和飞碟爱好者们对于外星生命的想象的真实写照。

下图：对于地球上当时尚属未知的大陆上有哪些生命形态，欧洲艺术家们几乎谈不上有任何了解，于是他们便任由想象力自由驰骋。这些中世纪的插图描绘了老普林尼（Pliny the Elder）在《自然志》（*Natural History*）一书中叙述过的生物。

生命，在整个宇宙中，或许的确可以呈现出多种不同的面貌。
——迈克尔·卡罗尔[11]，2001 年

左、右下图：在书籍、小册子和大幅印刷品里，中世纪的艺术家和作家们所描绘的不可思议的生物简直汗牛充栋。1478 年，康拉德·冯·梅根伯格（Conrad von Megenberg）描绘了一些他认为生活在未被探索的遥远世界（左下）的奇特种族。1475 年，一位不知名的艺术家在整整一页上都画满了他认为有可能居住在那些土地上的奇怪生物（右下）。

02

关于外星生命的早期观念

上图：约翰尼斯·开普勒（1571—1630）不仅发现了控制行星运动的基本定律，而且也是最早撰写涉及外星人题材的科幻小说的作家之一。

对页图：在路易斯－纪尧姆·德·拉福里 1775 年的著作《谦逊的哲学家》中，一位水星居民乘坐电动飞行器拜访了地球。

17 世纪上半叶，基督教会试图审查伽利略的发现，但在一个知识膨胀的时代，没过多久，这个消息就不胫而走。等到伽利略的观测结果变得广为人知以后，人们开始好奇，这些异世界与我们所在的世界是否相似？那里也存在生命吗？有人居住在那里吗？就连教会也最终认定，这样的揣测并不算亵渎神明。当多重世界说的真理被广为接受时，人们认为上帝绝不会无缘无故地创造一个世界。

人们认定，如果宇宙中确实存在其他星球的话，那么它们存在的唯一目的，就是成为与人类相似的生命的家园。正如英国宇宙学家托马斯·伯内特（Thomas Burnet）在其著作《地球神圣论》（The Sacred Theory of the Earth，1681 年）中所提出的那样：

上帝亲自塑造了地球……而其目的正是为了生命的栖息。无论是在地球上，还是在任何宜居的世界里，这一点都确凿无疑。

如果不是为了生命的栖息，又何必将它塑造成宜居的环境？我们建造房屋可不是为了空置，而是要尽快找到合适的房客。

没过多久，又有几本书先后出版，推测其他行星上可能存在什么样的生命。其中有些书的作者认为，在其他行星上存在的任何智慧生命都必定跟人类差不多；而另一些作者对"人类"构成的定义则更为宽松，他们认为，最重要的是思想的特性和本质，而非承载思想的这层外壳的形式。

猜想之旅

伟大的德国天文学家约翰尼斯·开普勒（Johannes Kepler）创作了或许是有史以来第一部科幻小说《梦》（Somnium），该书出版于 1634 年（在他逝世后几年）。作为一名严肃的科学家，就他所生活的那个年代而言，他对于月球和可能生活在上面的生物所作的描述已算是相当准确了。他告诉读者，月球上是个难以置信的外星世界，那里的夜晚相当于地球上的 15 天，且"因无处不在的阴影而显得阴森可怖"。夜间的严寒超过了地球上最冷的地方，而白天又酷热得令人发指。生活在月球上的生物适应了这种种严酷的环境，其中一些进入了冬眠，而另一些则进化出坚硬的外壳和其他起到保护作用的器官。

随着 17 世纪向前发展，行星不仅宜居，而且确有生命栖息其上，这一概念已经被当成

A. Week's Conversation ON THE PLURALITY OF WORLDS.

By Monsieur FONTENELLE.

Translated from the last PARIS Edition, wherein are many IMPROVEMENTS throughout; and some NEW OBSERVATIONS on several DISCOVERIES which have been lately made in the HEAVENS.

By WILLIAM GARDINER, Esq;

The SECOND EDITION.

To which is added,

Mr. Secretary ADDISON's ORATION, made at Oxford, in Defense of the New Philosophy.

LONDON: Printed for E. CURLL in the Strand. 1728. (Price 2s. 6d.)

了理所当然。1656 年，德国耶稣会会士、作家阿塔纳斯·珂雪（Athanasius Kircher）在《极乐之旅》（The Ecstatic Journey）一书中，便让主角跟随一位天使的导引，在诸天游历了一番。在穿越天界的旅途中，发现月球其实相当适宜居住，月球上的地形也多姿多彩，山脉、海洋、湖泊、岛屿和河流都应有尽有。在《失乐园》（Paradise Lost，1667 年）中，英国诗人约翰·弥尔顿（John Milton）让天使拉斐尔和亚当讨论了生活在其他世界的可能性，其中也包括月球。但是天使警告亚当说，思考这些事情是很危险的，因为上帝并不打算让人类理解关于他创造的一切："不要梦想其他世界，以及那里可能栖居的生物，处于何种状态、境地和程度。"

一位名叫伯纳德·德·丰特奈尔（Bernard de Fontenelle）的法国科学家却并不畏惧这样的幻想，在他所著的《关于多重世界的对话》一书中，他很好奇那些行星上可能存在着怎样的生物。事实上，他不仅提出了这个问题，还试图加以回答；而且他回答的方式完全是绝无

仅有的。丰特奈尔解释说，虽然那些行星和我们所处的世界非常相似，但行星上的环境很可能存在着巨大的差异。例如，水星因为离太阳太近，所以炎热得难以置信。如果行星上确实存在生命，那就必须适应这些非常特殊的条件。

丰特奈尔面临的问题其实只是源于一个

上图：伯纳德·德·丰特奈尔所著的《关于多重世界的对话》（1689 年）是最早一批认真探究其他星球上存在生命的可能性及其可能形式的书籍之一。丰特奈尔仔细考虑了其他行星上的物理条件，以及这些条件对于可能存在的生命形式会有怎样的影响。

君问此地球？万物互效力，既尔有土地，田与民亦存？如君之所见，斑点为层云，层云能降雨，柔和土壤中，雨能生果实，此间所居者，可以此为食；诸日或亦然，其月永相随……
——约翰·弥尔顿，1667 年

那么，也应有人不畏惧宇宙这令人懊丧的广袤。
——约翰尼斯·开普勒，1609 年

右图：《尼尔斯·克里姆地下旅行》（原名 *Nicolai Klimii Iter Subterraneum*，英译名 *Niels Klim's Underground Travels*）一书中的主人公遭遇了图中所示的这两种生物，这是路德维格·霍尔伯格（Ludvig Holberg）于1741 年撰写的一部科幻小说。小说中，人们发现地球是中空的，内有一颗名叫"纳扎尔"（Nazar）的小行星在其中运行。霍尔伯格书中的主人公尼尔斯·克里姆发现，这里居住着一群奇异的生物，其中包括树人和"音乐之乡"的居民。

简单的事实：科学家知道得还不够多。他所能依据的基础知识就只有行星的大概尺寸以及它们与太阳之间的大致距离。除了能够根据与太阳的相对距离，对行星的表面温度做出粗略估算之外，他对这些行星上的各种条件一无所知。他无法了解行星的大气层会是什么样的，甚至连上面到底有没有大气层尚且无法确定。尽管如此，丰特奈尔并没有让这样的小小障碍阻碍他发挥想象力，而是仍然不厌其详地描述了那些生活在其他星球上的生物。他宣称，水星上的居民精力充沛、容易激动、脾气暴躁。他们"就像格拉纳达的摩尔人，身材矮小，皮肤黧黑，被太阳所晒伤，充满了智慧和激情，总是在恋爱、写诗，喜爱音乐，每天都会安排节日、舞蹈和比赛"。相比之下，金星人则是无可救药的卖弄风情的家伙，而木星人是伟大的哲学家，至于土星的居民，因为他们的星球气候酷寒，所以，他们宁愿待在一个地方度过一生。然而，丰特奈尔认为，月球上由于大气层十分稀薄，

左图: 1764 年至 1772 年间, 意大利艺术家菲利波·莫汉 (Filippo Morghen) 出版了《月亮之国》(*Raccolta delle cose più notabili veduta dal cavaliere Wilde Scull, e dal sigr: de la Hire nel lor famoso viaggio dalla terra alla Luna*, 英文版通常沿用较为简短的译名 *Land of the Moon*)。这本书中展示了一系列蚀刻画, 描绘了地球这颗卫星上的神奇生物和景观。图中, 莫汉所画的是"一个野蛮人骑在有翼的蛇背上, 与一种类似豪猪的野兽搏斗"。

对页图: 讲述"月球骗局"故事的原版书中描绘了许多所谓的月球居民。

在无穷无尽的宇宙中, 把地球看作唯一有生命栖居的世界, 就如同断言在播种着粟米的整整一大片土地上, 只有一粒谷物会生长一样荒谬。
——希俄斯的米特罗多勒斯[12], 公元前 4 世纪

可能无人居住。

在《卡提修斯世界之旅》(*A Voyage to the World of Cartesius*, 1694 年) 一书中, 加布里埃尔·丹尼尔 (Gabriel Daniel) 将月球上的居民描述为纯粹的精魂, 没有任何实质身体, 仅凭意志力就能从一个地方移动到另一个地方。

拉尔夫·莫里斯 (Ralph Morris) 在《约翰·丹尼尔一生惊悚历险记》(*A Narrative of the Life and Astonishing Adventures of John Daniel*, 1751 年) 一书中, 讲述了一部发明出来的机器, 载着一名失事船只的水手前往月球旅行, 甫一抵达, 这名水手就发现了月球上有古铜色皮肤的类人生物存在, 他们生活在洞穴里, 崇拜太阳。在路易斯－纪尧姆·德·拉福里 (Louis-Guillaume de la Folie) 所著的《谦逊的哲学家》(原名 *Le Philosophie sans Prètention*, 英译名 *The Unassuming Philosopher*, 1775 年) 一书中, 我们得知, 主人公奥米赛斯 (Ormisais) 是从水星飞来地球的。他告诉那些他遇到的地球人, 一位名叫辛提拉 (Scintilla) 的水星科学家发明了一种可以在不同世界间穿行的电子设备。

在《月球旅行》(*A Voyage to the Moon*, 1793 年) 一书中, 主人公亚拉图 (Aratus) 乘着气球飞上了月球 ("由气流推动"), 他在那里发现了一种会说英语的蛇, 这种蛇还能用腿直立行走。

此类书籍既充满幻想, 又立足现实, 正是这些书帮助说服了读者, 其他世界真的存在, 而且可能确有生命。人们甚至开始猜想, 其他恒星是否也有可能是别的太阳。毕竟, 他们表示疑问, 如果宇宙是无限的——就像那个年代设想的那样, 那么宇宙中就应该有无数颗恒星。假设其中有那么一部分也跟我们的太阳相似, 这难道不是合情合理的想法吗? 如果那些恒星和我们这个太阳相似的话, 难道不应该也有行星围绕着它们旋转吗?

月球上有生命吗？

《纽约太阳报》（New York Sun）记者理查德·亚当斯·洛克（Richard Adams Locke）杜撰出"月球骗局"时，引起了公众对于其他星球上存在生命这一可能性的极大兴趣，尤其是我们自己的月球。该书出版于1835年，很可能是受到了1822年天文学家弗朗茨·冯·保拉·格鲁伊图依森（Franz von Paula Gruithuisen）发表的声明启发，他宣称，在月球上的施洛特（Schröter）火山口附近观察到了筑有城墙的城市（见第192页）。洛克告诉读者，英国天文学家约翰·赫歇尔爵士（Sir John Herschel）在南非好望角的天文台取得了惊人的发现。约翰·赫歇尔是威廉·赫歇尔的儿子，威廉已于1822年去世，但仍因天王星的发现而举世闻名。他的名字给洛克的文章增添了可信度。不用说，当时远在南非的赫歇尔本人并不知晓自己的名字竟被如此随意地盗用。

洛克解释说，赫歇尔发明了一种基于全新原理的超级望远镜。通过使用"水氧显微镜"，他能够将望远镜图像放大并投射到大银幕上。通过这种方法，赫歇尔发现，月球上生活着全身覆有皮毛、长有蝙蝠状翅翼的人形生物。洛克对这些奇异生物的描述令读者们感到兴奋，巨大的水晶、野牛和奇异的植物也让他们感到惊讶，更不用说那些用两条腿走路、住在原始棚屋里的海狸了。

早在埃德加·爱伦·坡（Edgar Allan Poe，他也受此启发，开始写作自己的月球旅行故事）采用逼真文学技巧（看似真实的生活描写）之前，也早于儒勒·凡尔纳（Jules Verne）和此后的每位科幻小说作家从爱伦·坡那里学到这一技巧之前，洛克率先运用了合理的细节和听起来颇具科学性的术语来说服美国读者相信，

他的报道是真实的。为了消除人们残存的疑虑，洛克向读者信誓旦旦地保证："几位圣公会、卫斯理公会和其他教派的牧师……遵照临时保密约定，获准参观该天文台，并成为证明这些奇迹的见证人。"

这个骗局在欧洲一时间流传甚广，被翻译成法语、德语和意大利语，并不断再版，给予了无数艺术家灵感，创作出大量版画，对这些虚构的发现进行了相当详尽的描述。而报道中裸体的月中仙子更加激起了众人浓厚的兴趣。

《纽约太阳报》最终承认，整件事只是一场骗局。当约翰爵士最终回到祖国，得知自己的声名如何被肆无忌惮地盗用时，他以非同凡响的风度和幽默表示，唯一的遗憾是，他永远也无法名垂青史了。

第一部科幻小说里的外星生命

法国天文学家、科普作家卡米尔·弗拉马利翁（Camille Flammarion）坚信地外生命的存在。在《真实与想象的世界》（Real and Imaginary Worlds，1865年）一书中，他宣称其他行星上有生命存在，但生活在那些行星上的生物是人类肉身消亡后灵魂的储存库。在作品《流明》（Lumen，1897年）中，弗拉马利翁详细地讨论了行星上的环境是如何影响其上的生命发展的，甚至也包括我们自己这个世界："人类机体是这个星球的产物。地球人之所以如其所是，不是出于神的幻想、神迹或者直接的创造。人的体形、身材、体重、感觉，乃至人的整个组织，都是你所在星球的状态和条件的产物——你呼吸的大气，滋养你的食物，地球表面的重力，陆地物质的密度，诸如此类。"

神秘主义和神学与关于外星生命的猜测混合在一起，贯穿了整个19世纪，并体现在以下书籍中：拉赫 – 施齐尔玛（Lach–Szyrma）牧师的《异世之旅》（Aleriel，1883年）、约翰·雅各布·阿斯特（John Jacob Astor）的《他星之旅》（A Journey in Other Worlds，1894年）、詹姆斯·考恩（James Cowan）的《黎明》（Daybreak，1896年）、乔治·格里菲斯（George Griffith）的《太空蜜月》（Honeymoon in Space，1900年）和威廉·阿克赖特（William Arkwright）的《乌提纳姆》（Utinam，1912年）。在上述作品以及其他虚构作品中，从变形的灵魂到天使，再到古代神灵的人化存在，对外星人的描述无奇不有。或许除了弗拉马利

上图：1850年，一位艺术家创作了一系列生动的彩色图画，描绘了访问月球的情形。图中，我们所见的月球景象包括了一对蜈蚣状生物，其中一只可能便是刘易斯·卡罗尔（Lewis Carroll）的名著《爱丽丝漫游奇境记》（Alice's Adventures in Wonderland，1865年）中那只抽水烟的毛毛虫的前身。

上图：1909年，《恶作剧》（Puck）杂志封面上刊登的一幅漫画将火星人描绘成精灵般的人形生物。

右图：在芬顿·阿什（Fenton Ash）1909年的小说《火星之旅》（A Trip to Mars）中发现的火星人十分符合那一时代的典型观念，他们被描绘成理想化的人类，甚至就像天使一般。

翁之外，大多数著作者对外星生命的实际情况并不感兴趣，因为他们只是把外星生命这一观念作为平台，借以阐述他们对哲学或宗教的特定观点而已。

然而，随着 19 世纪的时间推移和对行星认识的增加，无论是科学家还是科幻作家，都不得不更改他们关于地外生命的想法。不管其他星球上的生命到底是什么样子，它们可能都看起来不像人类。

不过，尽管科幻小说中关于外星生命的概念正在慢慢地演化，但科学家却对寻求在其他星球上生命的可能性没有多大兴趣。天文学家对其他行星的真实情况了解得越多，就越认为那里不可能存在生命。即使是火星，他们也认为，在那样稀薄而严寒的空气中，除了稀稀拉拉的一块块苔藓和地衣，没有什么更高级的

上图：太阳系的诞生地。一位艺术家描绘了由星际尘埃和气体组成的云团，在其自身的重力作用下发生大规模崩塌，同时密度越来越大，温度也越来越高。

那么，我们得出的结论是，地球是一颗相当卓越的行星……
——《科学美国人》（*Scientific American*），1873 年

右图：太阳系的原型，一个由尘埃和气体组成的圆盘，其核心炽热而致密，太阳即将在此诞生。

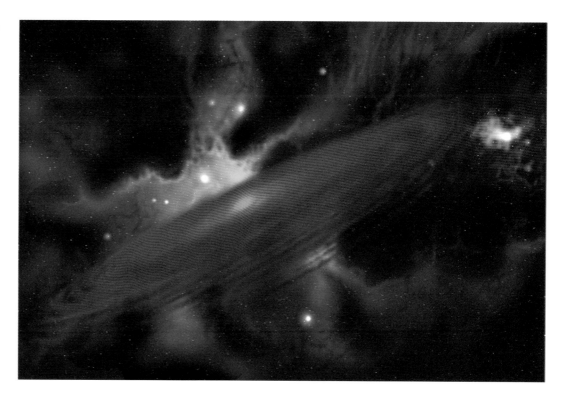

生命能幸存下来。水星要么太热，要么太冷，无法支撑生命，至于是冷还是热，取决于处在它的哪一边。木星、土星、天王星和海王星都冷得令人发指，大气层里的气体还有毒。金星是唯一的谜团，在它那看不透的云层下面隐藏的会是什么呢？热气腾腾的史前丛林，覆盖了整个星球的巨大海洋，还是贫瘠的沙漠？天文学家们只能耸耸肩，猜测一下罢了。

太阳系的诞生

虽然我们已经知道，有一些行星围绕着我们的恒星旋转，而其中少数几颗上面或许有生命进化形成——特别是在它们的卫星上——但是问题依然存在。我们的太阳系是独一无二

的，还是围绕其他恒星也存在着别的世界？行星是常见的还是罕见的？在开始回答这些问题之前，首先必须了解，我们的太阳系自身是如何形成的。

关于太阳系和地球的演化过程，目前广泛接受的解释如下：数十亿年前，后来形成如今的太阳和行星的物质还只不过是一团巨大的尘埃和气体云，现在被称为"太阳前星云"。太阳便是从这只茧中蜕变而成的。也许是受到附近超新星冲击波的激发，这片星云开始在自身重力的作用下坍塌并收缩，这片起初体积庞大的云迅速缩小为原来的一百万分之一。

收缩过程中，星云的中心变得更加致密，引力也随之增加，而这反过来又促使星云加速

我们对遥远恒星周围的地球的搜寻深深植根于……生理必然性乃至单纯的好奇心。
——迈克尔·卡罗尔，2016 年

进一步崩溃。星云中心不断增加的巨大压力导致其核心温度升高，起初只带着暗淡的红光。后来只过了几千年，温度和压强便增加到了足以引发核反应的程度——于是原恒星变成了恒星。这一过程中增加的热量产生了一种向外的压力，阻止了尘埃和气体的持续坍塌。

云层中微小的尘埃颗粒相互碰撞，彼此黏合，形成了被称为星子的一簇簇物质。出于偶然，其中某一个在体积上会略大于其余星子，这便给予了它优势，它的增长随即变得更加迅速。随着体积的增大，它吸引的粒子也会增多，这一过程叫作"吸积"。它逐渐增至一块石头那么大，接着变成一块大石头，然后增大为宽达几英里的小行星。直径达到 322 千米（约 200 英里）宽的时候，它开始具备球体的形状。

此刻，整个增长过程可能耗费了 10 万年。到目前为止，原初的尘埃和气体资源已消耗殆尽。贪婪的小行星开始同类相食，吞噬掉一个又一个小天体，变得越来越庞大。处于婴儿期的地球开始增长得更快，仅经过 4000 万年的时间，便已达到了现在的规模。

其他恒星的行星

如果吸积理论正确的话，那么在整个宇宙中，太阳系可能是随处可见的。所有证据似乎都表明，这一点可能是真实的。哈勃太空望远镜已经观测到了几十个处于婴儿期的太阳系，几乎处于任何一个发展阶段的都有。但是婴儿期的太阳系是另外一回事。其他恒星周围究竟是否也有行星存在？直到近代，天文学家

对页图：婴儿期的地球。来自太阳系形成时的原始气体和尘埃凝聚成为粒子，在碰撞中又变成更大的粒子。由于相互之间的引力，它们逐渐聚集到一起，形成了更大的星子，最终变成了行星大小的天体。

左图：当一颗行星经过其围绕的恒星前方时（这种现象称为"凌日"），来自恒星的光亮度会略微下降。从恒星亮度的这些变化中，可以推断出行星的存在。

宇宙间有无数大小各异的世界……有一些日渐壮大，另一些则在衰亡。
——德谟克利特[13]，公元前 4 世纪

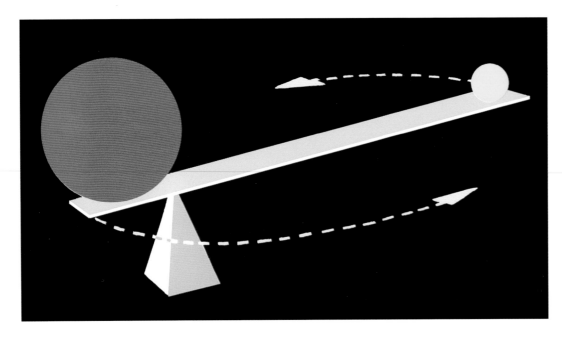

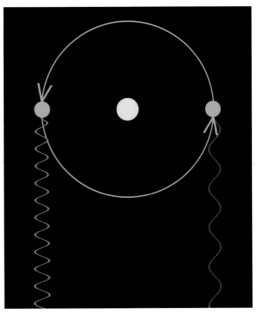

们仍认为这个问题将始终无法定论。行星都微小而暗淡——它们本身不发光，这两个因素导致要从地球上探测到太阳系外的行星极为困难。但除了通过望远镜直接观测外，天文学家们还有其他获得发现的方法。

通过行星沿轨道运转时对恒星的引力作用，或许便可推断出行星的存在。当行星围绕着恒星旋转时，它会先将恒星拽向一侧，接着又拽向另一侧，导致恒星在其轴线上摆动，尽管这种摆动极为轻微。这颗恒星就像是奥运会上的链球选手，挥舞着链球，让它绕着自己的身体转圈。

除了探测到一颗看不见的星体致使恒星出现的摆动外，如果行星沿轨道运行时从恒星前方经过，那么我们也有可能发现它的存在。当这种情况发生时，恒星的光线会稍微变暗。

探测太空中天体的第三种技术基于以下事实：行星发出的红外辐射比恒星更多。当天文学家使用一种对红外辐射敏感，但对可见光不敏感的望远镜时，他们就能够探测到某些行星的存在，通常这样的行星因离恒星太近，所以会在强光下遁形。

最后，天文学家还可以通过寻找多普勒效应或多普勒频移的方式，来探测其他恒星周围的行星。这种效应类似于火车汽笛声或警车警笛声传来时，你听到的音调变化。当车辆靠近时，它发出的声音似乎比离开时要高。这是因为当车辆向你靠近时，声波的波长会缩短；而当它离去时，波长则会拉长。

同样，光的波长也会随着发射光的物体的运动而改变。当一颗恒星靠近你时，波长会稍微缩短，使得光线看起来更蓝（因为蓝光的

左上图：当行星围绕恒星运行时，会使恒星出现轻微的摆动，就像一对非等质量的砝码在旋转时可能出现的情形。当天文学家探测到这种摆动时，便可以推断出一个或多个行星的存在。

右上图：科学家还可以通过多普勒效应来探测行星的存在。这一术语描述的是如下现象，当一个天体向地球靠近或远离时，它发出的光波长会缩短、变成蓝色，或是拉长、变成红色。因此，如果一颗行星将一颗恒星向它自身方向拉动，再远离地球，这将会使得恒星的光变得较红或较蓝，天文学家可以据此推测出行星的存在。

上图：褐矮星既非恒星也非行星，而是介于这两者之间的天体。它的体积如此之大，辐射出的能量足以发出深红色光芒；但又不足以引发聚变，从而将其转化为真正的恒星。

波长较短）；而当恒星远离你时，光的波长则会增加，使光线看起来更红（因为红光的波长较长）。天文学家使用一种叫"光谱仪"的仪器，便可轻易地探测到光的波长变化，进而测量遥远的天体靠近地球或远离地球的速度。迄今为止，多普勒频移的测量是寻找太阳系外行星时所采用的主要方法。因此，利用这种方法，天文学家已经能够将对地外生命的探索扩展到太

阳系以外。但在这一方法能够取得实实在在的收获之前，我们首先需要知道自己寻找的是何物：生命究竟是什么？

维多利亚时代的外星人

在 19 世纪的文学作品中，无论外星人呈现何种面目，有一点却几乎毫无二致，即一概假定他们是某种类人的存在——不仅类人，而且往往是超人，甚至差不多就像天使一样。极少有人敢于提出，外星人可能真的跟人类迥然不同。

左图：赫伯特·乔治·威尔斯在《星际战争》（1898 年）中创造了第一个真正非人类的外星人，图中，艺术家阿尔维姆·科里亚（Alvim Corrêa，1876—1910）描绘了真正的异形对人类女性的觊觎。

下图：在 19 世纪的大部分时间里，乃至进入 20 世纪后多年，外星人始终被描绘成理想化的人类，比如乔治·格里菲斯在 1900 年出版的《太空蜜月》一书中描述的这些盖尼米得（Ganymede）居民。

左上图:《1900 年前的月球之旅》（原名 Voyage dans la Lune avant 1900，英译名 A Trip to the Moon Before 1900）是一本出版于 1890 年的儿童读物，画家、作家阿德维尔·达福雷（A De Ville d'Avray）笔下的主人公在月球上遭遇了许多奇奇怪怪的居民。

左下图: 在阿尔努·加洛潘（Arnould Galopin）的《欧米茄博士》（Le Docteur Omega，1906 年）中，前往火星的人们不得不去挑战那些充满想象力的怪物，包括长有蝙蝠翅膀的人形生物。

右下图: 查尔斯·迪克森（Charles Dixon）1895 年的著作《1500 英里每小时》（1500 Miles an Hour）中，访问火星的探险家发现了图中这个"可怕的两栖怪物"。与 19 世纪末的许多作家一样，迪克森试图塑造出能够反映当时行星上已知环境的外星人。此处，他正是参照了火星上被遍布的沼泽覆盖这一理论。

我们对生命和智慧的定义存在着局限性。我们只有一个孤例，
就是我们自己的这颗星球。

——迈克尔·卡罗尔，2016 年

PART2

外星生命科学

03

行星档案及生物学

对页图：在地球历史的早期，正如这位画家所描绘的那样，我们这颗行星的表面遭到几乎连续不断的流星雨和小行星雨的撞击，而刚刚形成的年轻月球朦胧地挂在天空。

我们很难定义"生命"，因为我们地球人只有一个孤例可参考：就是生活在我们自己星球上的生物。尽管从章鱼到雏菊，地球上的物种表面上看似乎大相径庭，但实际上它们之间却是密切相关的。我们星球上的每一个生物都是由同一些简单的单细胞生物体进化而来的，这也是我们共同拥有或多或少相同的 DNA 的原因之一——这种化学密码让生命特性得以代代相传。

因此，在我们能够将另一星球上的某种存在视为生命之前，我们首先必须识别出它是一种生物。在我们的星球上有许多复杂的生物体，乍看之下根本就不像是动物。例如，有一种叫"智利腕海鞘"（Pyura chilensis）的海鞘，看起来完全和普通的岩石没什么两样。我们中的许多人可能会同意 NASA（美国国家航空航天局）的观点，因为对寻找其他星球上的生命有所投入，NASA 对这个问题有着持久的兴趣。在一篇引自《天体生物学杂志》（Astrobiology Magazine）的文章中，NASA 提出：

生物往往是复杂的、高度组织化的。它们有能力吸取来自环境的能量，并将其转化以供生长和繁殖。生物体趋向于达到内稳态：一种定义其体内环境的各项参数的均衡状态。生物会对外在因素做出回应，对它们进行刺激会产生一种类似于条件反射的动作和躲闪，而在某些高等生命形式下，则会产生学习的过程。生命具备繁殖能力，因为为了实现进化，需要进行某种形式的复制，才能在种群变异和自然选择中占有一席之地。为了成长和发展，生物首先需要具备消耗的特质，因为成长包括生物质的改变、新个体的创造以及废物的排泄。要想具备成为生命体的资格，生物必须满足上述标准的某种变体。

然而，许多科学家——以及 NASA 本身——也认识到，对于究竟是什么构成了"生命"，可能并不存在一成不变的定义，如果非要执着于找到一个这样的定义，也许反而会事与愿违。在"生命"和"非生命"之间，甚至可能没有清晰的分界线。我们不妨打个比方，想象一下，随着距离地球表面越来越遥远，地球的大气层也渐渐变得越来越稀薄，直到最终天衣无缝地与外面的真空融为一体。但是，从"大气层"到"非大气层"的转变究竟是在哪一点上发生的呢？这真的只是一个渐变的过程，就像黑与白之间，存在着深深浅浅的灰色，至于究竟是在哪一种层次的灰色上，"生命"变成了"非生命"，或许根本无法精确地指出。

可以理解的是，实际存在的生命形式——甚至是智慧生命形式——可能并不具备 NASA 列出的所有属性。例如，晶体中复杂的基质可能会模仿你大脑中的神经元，甚至比后者更为高效。卡罗尔·克莱兰博士（Dr. Carol Cleland）供职于 NASA 天体生物学研究所，她解释说："我认为，对科学家而言，对'生命'加以定义并没有什么太大的意义，因为我们无法从中了解到真正想知道的东西，也就是'生命到底是什么'。而有关生命的科学理论（与生命的定义不同）则能够以令人满意的方式回答这些问题。"

生命的诞生

正如为了理解其他行星是如何形成的，我们首先需要了解太阳系和地球是如何形成的那样，为了理解在太空中另一个世界的生命有可能形成的方式，我们首先要了解生命在地球上是如何产生的。毕竟，这是我们唯一能找到的例证。

在 42 亿到 35 亿年前，太阳系形成过程中遗留的最后一片残骸被地球、月球和其他行星一扫而光。以往经历了一段几乎无休无止横冲直撞的混乱，现在已然安定下来，进入了更加安宁的平淡期。当小行星碰撞变得不那么频繁，地球便能形成稳定的地壳。此时，地球还是一片由黑色岩石组成的了无生机的荒野，被辽阔

上图：我们所谓的地球其实毋宁以"海洋"为名更贴切。水覆盖了地球表面十分之七的面积，主导着天气变幻，居住在我们这颗星球上超过 90% 的生命形式都以海洋为家园。

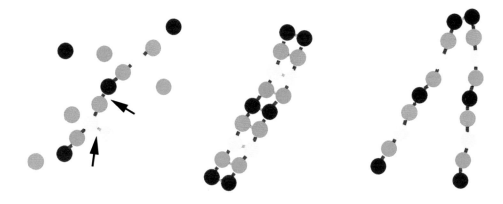

右上图：链状的长分子中，原子之间有强弱联系，可以自我复制。这些分子链中相对简单的分子很快就演化成更复杂的具备复制能力的分子。这些分子又形成了 DNA，驱动着进化，且至今仍是地球生命的基础。

的海洋所包围，连绵不断的雨水以及刚刚诞生的月球引起的巨大潮汐侵蚀着新生的大陆，产生的淤泥充塞了海洋。

在这片幽暗的海洋里，发生了一件非同寻常的事。地球的原始海洋是由矿物质、各种化学元素以及大量溶解的二氧化碳（CO_2）组成的复杂混合物。海水中富含养分和气体，又被注入了阳光、闪电和潮汐所提供的能量，最终成为生命的摇篮。

碳是形成二氧化碳的元素之一，能够产生大型的复杂分子。它可以与许多其他元素结合，如氢、氮和氧。许多碳基分子还具备另一种也许更为重要的特性——它们可以分裂成几乎一模一样的两半。然后，每一半又都能吸收

必要的元素，重新生成与原先几乎一模一样的分子。换句话说，它们可以自我繁殖。分子的这种繁殖能力相对简单却又极其重要，是当今地球上现存的所有生命的基础。

没有人知道最早的活细胞是何时从这些早期的再生分子演化而来的，甚至也不知道是怎样发生的，但是我们知道，至少在 35 亿年前，已经有相当数量的真正的细胞存在，多到足以开始在化石中留下痕迹。我们发现的这些细胞存在于地球上最古老的岩石中，可以追溯到 20 亿～ 32 亿年前：那是生命的黎明时期。

万物之源的神秘，不是我们可以解答，我乐于成为不可知论者……
——查尔斯·达尔文，1887 年

你，是不是外星人？

科学家们知道，在我们自己的太阳系之外，复杂的有机分子在整个宇宙中都司空见惯。从巨大的星云到彗星的冰冷彗尾，它们在辽阔的太空中比比皆是。这表明，在一个个处于婴儿期的太阳系中，可能正是那些星体本身播撒下了有机化合物之种，因此，那些行星上也就

有生命存在的可能性。在距离我们的地球家园较近的地方，科学家们已经发现了大量的证据，表明在某种流星和彗星上，存在着诸如碳质材料、氨基酸和有机化合物等生命的基本组成部分。我们也知道，地球在当初形成的过程中经常遭受彗星和小行星的撞击。有一种理论认为，

今天地球上的水在很大程度上都来自数百万颗冰彗星的撞击。那么是否有可能也正是这些撞击给地球带来了氨基酸、蛋白质甚至是病毒，如今我们星球上的所有生命都由此演化而来？如果是这样的话，那么你本人可能就是来自星星的远古生命在地球上的后裔。

对页图：地球上的原始海洋营养丰富，其中的能量来自阳光、潮汐、闪电等，成为地球生命的摇篮。在这位画家描绘的画面中，我们可以看到原始的藻类在海岸边的潮池中得到庇护。即使到了今天，地球大气中大部分的氧气仍然是由藻类产生的。

最早的生命

最早出现在地球上的生命形式是细菌和其近亲——蓝绿藻。它们是所有生物体中最简单的，细胞中甚至没有细胞核。然而，这种结构导致细胞当中的 DNA 缺乏保护，容易遭到损伤，而受损的 DNA 无法准确地进行复制。

距今 20 亿到 30 亿年前，细胞开始进化出细胞核：一种能对脆弱的 DNA 起到保护作用的外罩。最终进化出了两种不同类型的改良细胞：一种类似于原始的藻类，是今天植物的祖先；另一种则是更为复杂的版本，进化成了动

物，包括最终形成人类。

地球最初的大气层主要是由二氧化碳和水蒸气组成的。但随着蓝绿藻的不断增加，氧气开始在大气中占据主要比例。藻类利用阳光来分解大气中的二氧化碳，从而获得制造有机分子所需的碳。产生的多余氧气则被释放到空气中，最终取代了大气中大部分的二氧化碳。

我们大气中之所以有氧气存在，完全有赖于地球上的植物生命所做的努力，它们不断地补偿着氧化和其他化学反应过程中失去的氧气。地球最初的大气层中只有 1% 的氧气和超

过90%的二氧化碳——很像现在的火星和金星。如今，氧气占据了地球大气的21%，而二氧化碳仅占0.039%，需要经过千百万年的时间才能产生足够的氧气，使其达到这一水平。

动物性生命比植物性生命需要多得多的能量。动物必须寻找食物，同时避免成为食物——而这需要恒定的能量来源。这种能量来自养料和氧气的结合，倘若缺乏氧气来源，复杂的动物生命——比如我们自己——是不可能存在的。所以，具有讽刺意味的是，幸亏有了这种被上古植物排出的废物，才使得动物性生命有可能得以进化，乃至最终成为人类。

生命大爆炸

在接下来的1.5亿年间，无论是在植物还是动物王国中，都有各种各样的生命形式发生了爆炸性的扩散。原始的单细胞动物迅速进化成了复杂的多细胞动物。到了距今5.5亿年前，动物性生命的数量极大丰富，以至于如今的每一块大陆上都可以找到这一时期的化石。在4.5亿到4亿年前，地球上开始有鱼在海洋中游动，最终生命开始向干燥的陆地迁徙。起初只不过是些简单的苔藓和地衣，最终，一片片大陆上都覆盖了巨大的蕨类植物组成的广袤森林。

3.2亿年前的世界被广袤的森林所覆盖。巨型昆虫与今天的青蛙和蝾螈的祖先们一起生活在陆地上，它们依次由肉鳍肺鱼进化而来。这些早期的两栖动物是爬行动物的祖先，而后者最终主宰了地球的早期历史，长达数千万年。

然后，大约2.5亿年前，一场离奇的全球

上图：生命很快就在干燥的陆地上立足，以原始蕨类、地衣和苔藓的形式出现。这些植物繁衍扩散，形成了覆盖一座座大陆的广袤森林。

对页图：植物生命在地球表面上蔓延的同时，结构简单的藻类也正在逐渐取代早期由二氧化碳占据主导的大气，代之以氧气为主要成分的大气，这是朝着动物生命出现的方向发展的必要环节。

在已逝的久远岁月里，地球上的生命已经开始，从地表上被抹去，又在地表下的生物群中重新繁衍。

——K.B. 克弗特[14]，2016 年

左图：爬行动物和恐龙统治了地球数千万年。这些生物是地球进化史上最为成功的生命形式之一，不过它们仍然会受到来自外部力量的威胁，比如火山爆发。它们之所以没能继续存在且演化到今日，完全是由于偶然事件的作用。

性灾难致使地球表面近 90% 的物种不幸灭绝。三叶虫和大部分两栖动物都消失了。在 50 种类哺乳爬行动物属中，只有一种幸存下来。而所有的现代哺乳动物——包括人类——正是从这一幸存属类进化而来的。

无人确知导致了那场"大灭绝"或"大死亡"的原因究竟是什么。从突然的气候变化到来自邻近超新星的辐射，各种理论众说纷纭。这场灾难对其中的幸存者来说是一个福音，因为它们现在面临的竞争要少得多。爬行动物们疯狂地大量繁殖，从距今 2.5 亿年到 6500 万年之间，它们主宰了整个世界。

恐龙长达 1.85 亿年的统治历史最终也宣告结束。这可能是一颗直径达 9.6 千米（约 6 英里）的小行星撞击地球造成的结果，它撞击了墨西哥的一个地区，就在现在的尤卡坦（Yucatán）海岸附近。其威力相当于 1 亿颗百万吨级的氢弹同时爆炸，瞬间将小行星自身和下方的地球变成了由气化的岩石和蒸气组成的炽热云团，形成了一个将近 201 千米（约 125 英里）宽的火山口，产生的残骸碎片则高高地喷发入平流层中。这些碎片散开，形成覆盖了整个世界的云带，遮蔽了阳光，为时可能长达数十年。

与此同时，数百万吨炽热的碎片又落回到地球上，点燃了世界各地的森林。这一过程

上图：2.5亿年前发生的"大灭绝"摧毁了地球上90%的生命。只是因为一个纯属偶然的机会，某个微小的生物才得以生存下来，并成为今天存活的所有人类的远祖。

肆虐了数月之久，破坏了生命体和栖息地，把大量烟尘和灰烬形成的云翳喷入原本就已暗无天日的天空中。随着天空越来越暗，地球上也变得越来越冷。得不到阳光的照耀，植物便凋零了。缺乏植物为食，动物也饿死了。地球上的所有物种中，有75%没能在这场无尽的严冬里存活下来。

虽然经过几百万年的时间，小行星撞击中的顽强幸存者还是慢慢地进化成了新的动物。没有了巨型蜥蜴的竞争，体形矮小、全身毛茸茸、有胎盘的温血动物——我们现在称为哺乳动物——开始繁盛起来。比如尺寸与老鼠差不多大、杂食性的树栖生物，与今天的跗猴和狐猴相似，是1000万年后它们行将变成的生物的先驱。它们是通往人类之路的第一步。

距今300万到400万年前，人类的远古祖先——一种直立行走、类似黑猩猩的小型动物——似乎已经出现。虽然大脑只有现代人类的一半大小，但它们已经开始使用骨制和石制工具。它们势不可当地逐渐从非洲发展到欧洲和亚洲，不断进化，变得更加复杂、更加聪明、更加能干。我们所属的物种，即智人，大约在20万年前才开始进化，如此短暂的时间不过相当于宇宙时钟的嘀嗒一响。

这一课

地球生命史是由长达 45 亿年的一次次偶然事件构成的历史，千百万次的意外，只要其中任何一次事件的发展方向有所差异，地球上的生命可能都会和今天我们所知的截然不同。

或许在每一个与地球哪怕只是略微相似的世界上，生物进化的基本过程都是一样的。有合适的化学物质、适宜的温度和适量的水，而一旦第一个有机分子出现，它们可能遵循的演化路径就会无穷无尽。一副仅有 52 张的手牌，抓 5 张，能排成多达 260 万种组合，而人类基因组中有 2 万个基因——可以想象一下，这么多基因排列的方式能有多少种。

然而，尽管地球上的生物之间存在着生理和生物性上的差异，这个星球上的每种生物体却都有相当数量的 DNA 与其他生物相同。作为人类，你的 DNA 有 98% 和黑猩猩相同，85% 和斑马鱼相同，36% 和果蝇相同，7% 和细菌相同，甚至还有 25% 与大米和葡萄一致，这一比例虽然微小，但不可忽略不计。

这表明，地球上的所有生命都有一个共同的祖先。另一颗星球上从零开始的生命，将会从基因库中重新发一把崭新的手牌给它们。第一把牌——每一个基因都要一模一样才行——必须与地球上发生的一切几乎完全一致，包括数十亿次随机突变和其他事件，才能让其他星球上的生命与地球上的呈现出相似的面目，更不用说演化出与人类相似的智慧生命了。同样值得指出的是，人类并不是进化过程中的成品。我们很容易自以为这是数百万年进化的最终结果，实际上，我们只不过正处在演进的过程之中。就在短短 20 万年前，我们还是一个完全不同的物种；而 6000 万年前，我们则是一种跟鼩鼱差不多的小型原始灵长类动物；再往前推 10 亿年，我们还是在原始海洋中游动的单细胞生物呢。那么，再过 20 万年，我们又会是何等面貌？再过 100 万年呢？ 6000 万年呢？无论届时那些生物将是什么模样，它们都会和我们大不相同，正如我们也与最遥远的祖先迥然不同。

仅仅在我们这颗星球上，生命便已呈现出如此不可思议的多样性，人们唯有对此感到惊叹，才有可能领会，比之地球，另一世界的生命所遵循的演化轨迹及经历的时间可能会有何等的天渊之别。一旦领会这一点，便能清楚地认识到，我们竟会认为外星生命的进化遵循与地球如出一辙的轨迹，而且代代更替之下，所经历的时间也与我们完全相同，这种想法何其幼稚。除非这种异想天开能够成真，否则我们绝不能相信号称见过与人类有显著相似之处的外星人那种天方夜谭。

> **认为这片广袤无垠的空间，本应是荒芜的，是无人居住的，而且除了地球这一小块地方之外，再没有什么地方可以赞美造物主的存在，这样的想法不合情理。**
>
> ——拉尔夫·卡德沃斯 [15]，1678 年

地球上的"异形"：极端微生物

我们一度认为，太阳系中许多星球的环境极不宜居，以至于即便具备所有的必要物质，也无法维系任何形式的生命。例如，火星非常寒冷，表面笼罩在太阳致命的紫外线辐射之中。木卫一（艾奥，木星的第五颗卫星）上的火山活动剧烈，有巨大的液体硫黄湖泊和来自木星的致命辐射。木卫二（欧罗巴，木星的第六颗卫星）和土卫二（恩克拉多斯，土星的第六大卫星）上虽然可能有液态水组成的海洋，却位于厚厚的冰壳下方数英里处，没有一个光子能够穿透那层冰壳。然而，在地球上获得的一项发现却显示，即便是在条件如此严苛的地方或是其他星球上，仍然可能有生命存在。这便是在如温泉、酸池和盐沼这类极端恶劣的条件下发现的生命，这些环境较之火星或太阳系中许多其他星球都更为严酷。这些所谓的"极端微生物"名副其实，生活在地球上盐度、酸性、碱性、毒性极高或极为酷热、严寒的地方，很

上图：这些虾在热液喷口附近恶劣的环境中茁壮成长，富含矿物质的水从喷口中喷涌而出，温度高达 400 摄氏度（约 752 华氏度）。

难想象我们熟悉的生物竟然能够在此存活。许多科学家现在相信，如果在地球上如此不可思议的环境中，生命尚且得以演进甚至繁盛，那么，在我们曾经认为环境过于恶劣而无法支撑任何一种有机体的世界里，生命也同样有存在的可能性。

当外星人入侵地球

5亿年前，地球上出现了生命大爆炸，导致某些极为奇特的生物出现于世。这些生灵栖息在陆地、海洋和空中，即便放进任何一部科幻电影中，它们也不会显得格格不入。被称为"伯吉斯页岩动物群"（这一名称源自位于加拿大的发现地点）的诸多生物是进化路径中出现的死胡同，与今天任何已知的物种都毫无关联。

下图及对页图：伯吉斯页岩的证据显示，生命可以拥有近乎无限的形态。

我们今天的世界之所以并不像科幻小说里那样奇形怪状，纯粹是出于偶然。这些奇异的甚至是如同噩梦般的生物包括：

（19）伪窄鳞鱼属（*Pseudoarctolepis*）；（7）奇虾（*Anomalocaris*）；（8）形状奇特的欧巴宾海蝎（*Opabinia*），长着5只眼睛和带喷嘴的鼻子；（29）足柄虫（*Dinomischus*）；（21）马雷拉（*Marella*）；（22）云南鳃虾虫（*Branchiocaris*）；（24）软舌螺（*Hyolithes*）；以及（5）恰如其名的怪诞虫（*Hallucigenia*，也见下图）。

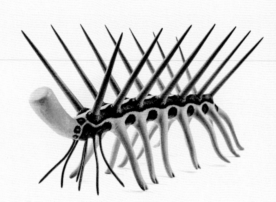

伯吉斯页岩中的其他生物还包括：（1）叠藻层（*Stromatolites*）；（2，3）海绵（*Sponges*）；（4）腕足类（*Brachiopods*）；（6）叶状体（*Lobopods*）；（9，10，11，12，13）三叶虫（*Trilobites*），包括奇怪的（14）纳罗虫（*Naraoia*）；（15，16，17，21，22）节肢动物（*Arthropods*）；（20）像小龙虾一样的加拿大虫（*Canadaspis*）；（23）奥特瓦（*Ottoia*），它以（24）软舌螺（*Hyolithes*）这样的贻贝为食；（25）节虫；（27）蠕虫状生物；（26）原始海百合；以及完全无法分类的生物如（28）威瓦西亚虫（*Wiwaxia*）、（29）足柄虫（*Dinomischus*）和（30）阿米斯克毛颚虫（*Amiskwia*）。

04

宇宙别处会有生命吗？

对页图：在美国艺术家理查德-比兹利（Richard-Bizley）的画作中，水母状生物高高地飘浮在某个外星球的云彩上，这不仅形象地描绘了外星生命具有的多样可能性，同时也长久地赋予了艺术家和作家们以灵感。

下图：木星充满湍流和风暴的致密云层，木星之所以呈现橙色和棕色，是其内部涌升的化合物暴露在紫外线下引起颜色的改变而造成的。图中，插画艺术家带领我们深入这个星球狂暴的大气层中。

数十年来，科学家们一直彻底否认在太阳系的其他地方有存在生命的可能性——火星勉强算是个例外——而近年来，科学家们已经意识到，这些星球当中，有许多其环境可能并不像人们一度认为的那么恶劣。目前，人们仍然认为水星和金星温度太高，生命无法在上面生存，而外行星——天王星、海王星和冥王星——则可能太冷。但即使是这些看似并不友善的世界上，也未必就没有生命存在，因为科学家们发现了生命到底能有多么顽强。举个例子，最近发现，在彗星上存在着氨基酸，这是生命的基本组成部分。有鉴于此，科学家们不仅换了个角度来看待火星，还重新审视了木星和土星。

木星的云层之所以呈现鲜艳的橙色、红色和黄色，完全是由于从二氧化碳到氨之类有机分子的存在。这些化合物本身虽然并不具有生命，却是碳基分子，是由此构成的更为复杂的分子得以进化的基础。木星旋转云团的可见表面温度过低，无法支撑生命的存在，而在云层深处，条件则更加恶劣，压力之大足以粉碎一切，温度也高达 19427 摄氏度（35000 华氏度）。但在云层核心和上层云之间的某处，其温度和压力却有利于生命的进化。是否会有像鲸鱼一样的活生生的气球和飞艇在木星巍峨的云层中游弋？是否会有空中水母飘浮穿行于木星的大气层中，就像美国天文学家卡尔·萨根（Carl Sagan）与 E.E. 萨尔彼得（E. E. Salpeter）在 1977 年共同发表的一篇论文中所提到的那样？

在木星的卫星木卫二厚达 19 千米（约 12 英里）的冰壳下，是辽阔温暖的海洋，可能深至 96.5 千米（约 60 英里）。这颗卫星上有着丰富的盐分和有机物质，加之木星强大的潮汐引发木卫二的质量挠曲，由此产生的热能提供了巨大的能量。什么样的生命形式可能存在于那些完全不见光明的深处呢？

生活在地球深海中的奇异生物或许能给

我们提供一点线索。天文学家们同样相信，在木卫二上的海洋中也可能充斥着生命。目前相关工作正在认真开展，已计划派出机器人，到木卫二上去执行任务，钻透冰层寻找生命。

太阳系内的其他卫星，则可能是各种挑战人类想象力极限的外星生命形式的家园。土星的巨型卫星土卫六（泰坦）上，致密的大气层中富含有机化合物，其表面埋在一层厚厚的有机材料浆体之下，液态甲烷的河流汇入碳氢

化合物的海洋中。即使是土星的小卫星土卫二上，也有一片由温暖的液态水组成的隐秘海洋，里面富含盐分和有机分子。

大多数早期的作家都已意识到，其他星球上的特殊环境将会产生与地球上不同的生命体。1698年，荷兰科学家克里斯蒂安·惠更斯（Christiaan Huygens）知道火星与太阳的距离比地球要遥远得多，因此也很可能比地球更为寒冷，他提出，火星人全身覆盖着绒毛和羽

上图：木卫二表面的冰壳上，交错着成千上万条裂痕和缝隙。棕色的斑点是由下方温暖的深海中涌出的有机化合物形成的。

太阳系中的许多卫星可能是超乎我们理解或想象的生命形式的家园。
——罗恩·米勒

右图：木卫二的冰壳下存在生命的可能性催生了许多科幻小说，从电影《木卫二报告》（*Europa Report*，2013 年）到美国作家艾伦·斯蒂尔（*Allen Steele*）的中篇小说《欧罗巴天使》（*Angel of Europa*）莫不如此，这幅画作的灵感正是来源于其中。

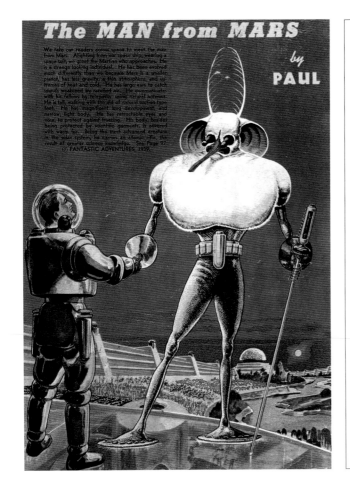

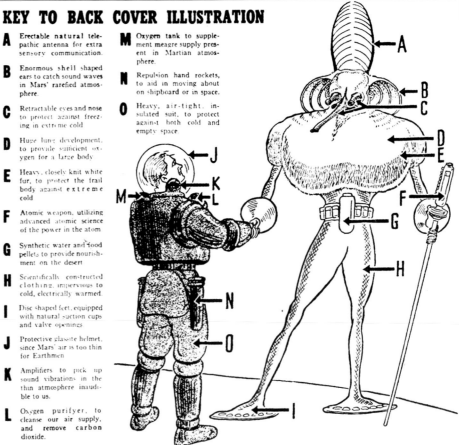

毛。瑞典神秘主义者、哲学家伊曼纽·史威登堡（Emanuel Swedenborg）坚信其他星球也具备宜居性，他说："宇宙中有众多地球，其上也存在人类。"在 1758 年的著作《宇宙中的生命》（Earths in the Universe）里，他解释道，火星人应是性情温和的生灵，以树皮为衣服。他将月球上的居民形容成与七岁孩子身高相仿的侏儒，尽管身材更为粗壮，声如雷震。水星人与地球人非常相似，穿着紧身衣，他们对于知识同样如饥似渴，会读心术，并将亚里士多德视为自己的一员。金星上的居民被分成两种：一种性情平和，温文尔雅；另一种则是性情暴躁的盗贼。木星居民为人正直、温言细语、生性快活、以家庭为中心，他们都很爱洗脸，还喜欢用手走路。最后，土星人拘谨谦逊，他们对食物和衣服几乎没什么兴趣，不会埋葬死者，而是用树叶盖住他们。

《群星空想之旅》（Fantastical Excursions into the Planets，1839 年）一书的作者认为，其他行星的大小、质量、引力和气候既然千差万别，那说明可能存在的生命形式也同样种类繁多。威廉·赫歇尔则相信，即便是太阳上也可能有生命存在。

尽管有了上述和其他作家的作品，但在 20 世纪来临前，大多数人仍然认为火星人和其他外星人的外表或多或少会与人类相似。直到赫伯特·乔治·威尔斯[16]的科幻小说《星际战争》（The War of the Worlds，又译《世界大战》，1898 年）一书面世，才真正引入了非人类、不怀好意的恐怖外星人概念。

但是为什么挑中的是火星呢？在太阳系的所有行星中，为什么长久以来，人们只要一谈到地外生命，就必定会将火星作为首要怀疑对象呢？

左、右上图：1939 年，经典科幻小说家弗兰克·保罗（Frank Paul）尽可能充分地根据当时已知的信息，描绘了一个火星人。例如，考虑到火星上稀薄的大气层和低温严寒，他赋予笔下的火星人巨大的肺部和覆盖全身的厚厚毛皮。他认为一对大耳朵很有必要，使外星人可以在稀薄的空气里听到声音；眼睛则可以伸缩，当气温变得太冷时，就可以缩回去。

对页图：在这张由意大利天文学家乔范尼·夏帕雷利（Giovanni Schiaparelli，1835—1910）绘制的地图中，描绘了他所称的"水道"（canali），这引起了帕西瓦尔·罗威尔的猜想，即那颗星球上纵横交错的线条是生活在火星上的智能生命的创造。

火星上令人惊叹的蓝色网络暗示，除了我们的地球之外，还有一颗行星现已有生命居住。

——帕西瓦尔·罗威尔，1894 年

就连"火星上的小绿人"这句话也变成了一种象征外星生物的陈词滥调。这可能是因为在所有行星中，火星似乎是与地球最为相似的一颗。它有大气层、极冠、云层，而且至少对早期的观测者来说——随着季节的变化，显现的颜色也不尽相同，似乎是有植物的迹象。即使是火星景观，对地球上的游客，尤其是那些曾去过冰岛、智利阿塔卡马或美国西南部的游客而言，似乎也并不陌生。

业余爱好者

正是帕西瓦尔·罗威尔提出的关于火星的理论，影响了一代又一代的作家、科学家和普通人对这颗红色星球的看法。1877 年，意大利天文学家乔范尼·夏帕雷利（Giovanni Schiaparelli）宣布，他观察到火星表面有一条条细线交错而成的网络。这固然很不寻常，但令全世界震惊的，是夏帕雷利用来形容这些线条的词语，他管它们叫"水道"（canali）。在意大利语中，这个词仅仅意味着"通道"或"凹槽"，但它与英语中的"运河"（canal）一词非常相似，每个人都认为这就是夏帕雷利所指的意思。两者的区别在于，"水道"可以描述一种自然形成的地貌，而"运河"则仅仅指一种人造的工程，这一区别至关重要。

争论立即开始了。一边是在火星上看不到任何类似"运河"的东西，并且连其存在也予以否认的天文学家；另一边则是那些确实观测到这些网络的人。后者很快又分成两个阵营：有些认为"运河"是自然地貌，有些却坚称是人工造物。

帕西瓦尔·罗威尔义无反顾地倾情投入第二阵营中。在他开始寻找 X 行星之前的十年中，他就已将自己的天文台专门投入火星观

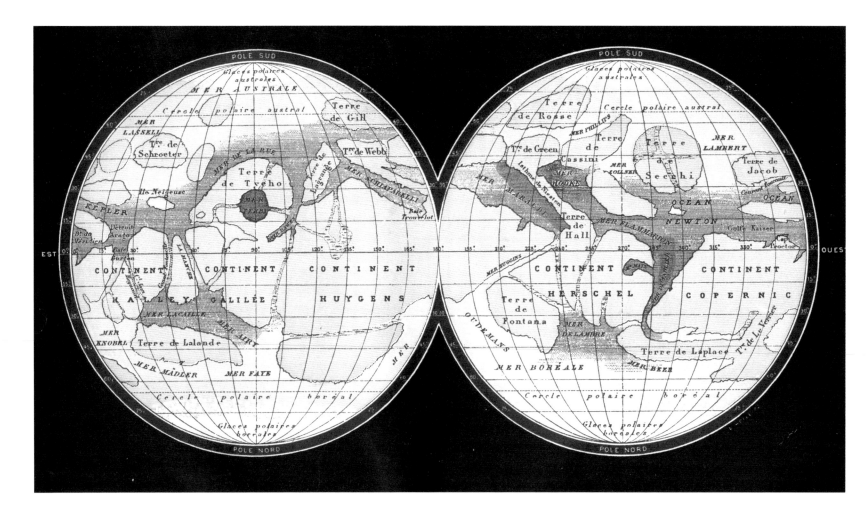

测和这颗红色星球的地图绘制中了。罗威尔绘制的火星地图前所未见，上面密密麻麻覆盖着笔直、纤细、幽暗的线条，看起来就像现代航空线路的地图一样，完全像是人工产物。为了推广自己的火星理论，罗威尔四处演讲，并出版了两本畅销书《火星》（Mars，1895 年）和《作为生命居所的火星》（Mars as the Abode of Life，1908 年），在书中，他生动地表达了对"运河"真实本质的看法。（值得一提的是，罗威尔不管在哪儿都能看到运河，包括在水星和金星上。）"我们看到了，"他写道，"显而易见，火星对水的需求是何等急迫；急迫到那个世界的居民必须灌溉才能生存……如何获取足够的水以维持生命，这将是当前一大共同难题。"

罗威尔心目中的火星是一个古老的沙漠世界，比地球历史悠久得多，已经失去了它曾

经拥有的大部分水（结果证明，罗威尔至少在这一方面是正确的。现代天文学家们也相信，在遥远的过去，火星上也曾有过海洋、湖泊和河流。今天，大部分未散失到太空中的水分都被冻结在地表之下的深处）。幸存的火星人正在挖掘庞大的运河系统，把水从极冠运送到火星中部地区。罗威尔从未说过自己看到的是真正的运河本身——那样的话，运河必须宽达若干英里，才有可能从地球上看得到。相反，他看到的是宽阔的植被带，在运河旁繁盛生长，就像今天的宇航员可以从太空看到郁郁葱葱的尼罗河谷那样。

针对这些说法，天文学家们的态度糅合了怀疑、鄙视和厌烦，但公众却被迷住了。许多作家及其读者都因罗威尔对一个行将衰亡的世界所作的这些浪漫描述而受到启发：在这个

上图：其他天文学家对火星上的纹路应当作何解释持不同看法。英国天文学家理查德·普罗克特（Richard Proctor，1837—1888）认为其中深色的区域是河流、湖泊和海洋。

世界上，少数幸存的居民正奋力与一场全球性的干旱进行斗争，他们英勇地挖掘出纵横交错的宽阔运河，从不断萎缩的两极运来最后一点水。从长短篇小说、杂志文章到戏剧、游戏、游乐场飞车和流行歌曲——甚至还诞生了一支进行曲和名为《来自火星的信号》的二步舞曲——所有这一切，都反映了命运多舛的火星人对多愁善感的维多利亚时代思想的吸引力。

罗威尔从来没有具体描绘过他心目中火星人的模样，但与那个时代的猜想相符合，受到罗威尔启迪的科幻小说作家们都认为，火

巴松 [17] 飞驰的月亮

在美国作家埃德加·赖斯·巴勒斯（Edgar Rice Burroughs）以火星为背景的系列小说中，几乎找不到多少科学的痕迹，就算略有少许，那些知识即便在他写作的那个年代也早已过时；虽然如此，但他的书仍然极具影响力。

卡尔·萨根曾经承认："埃德加·赖斯·巴勒斯的火星小说……唤醒了一代又一代的八岁孩童，我自己也在其中，让他们把探索地外行星视为一种真正的可能性。"（《宇宙》，

Cosmos，1980 年）在《且听回声》（Listen to the Echoes，2010 年）一书中，美国科幻作家雷·布拉德伯里（Ray Bradbury）表示同意，他说："我已经和更多不同领域的生物化学家、天文学家和技术人员谈过，他们在十岁的时候就爱上了约翰·卡特和泰山，并决定成为某种浪漫的人。是巴勒斯把我们送上了月球。"对几代年轻读者来说，虽然巴勒斯描述的火星从未存在过，而且根本也不可能存在，但这丝毫

上图：一位现代艺术家绘制的这颗即将消失的红色星球，恰如埃德加·赖斯·巴勒斯在他的火星系列中所描述的情景。

不重要。重要的是，他笔下生动地描述了这颗红色星球，用一种令人无法喘息、实事求是的现实主义笔法，就连想象力都难以企及。难怪众多科学家和天文学家纷纷受其激励，亲自去探究这个神秘世界的本来面目究竟如何，也难怪今天火星上一个巨大的撞击坑被命名为"巴勒斯"。

星人或多或少与人类相似。这一想法被埃德加·赖斯·巴勒斯进一步发挥，在他实至名归的巴松系列作品（"巴松"是作品中火星原住民对这颗红色星球的称呼）中体现得淋漓尽致，系列的第一部是 1914 年面世的《火星公主》（A Princess of Mars）。故事背景设定于遥远的过去，当时的火星仍然是一个欣欣向荣的世界，在巴勒斯笔下的火星上，生活着不计其数的不同种族……所有种族都完完全全跟人类差不多——

虽然他们会产卵，就像鸭嘴兽那样。

赫伯特·乔治·威尔斯笔下的火星人

只有为数不多的作家和学者在认真研究，火星上究竟可能产生何种形式的生命，以及这一过程如何由火星上不同的环境所驱动的问题，赫伯特·乔治·威尔斯便是其中之一。他在这方面的杰作当数经典科幻小说《星际战争》（1898 年）。事实上，他在该书的写作过

因此，火星上不仅没有居住着罗威尔先生猜想的那种智慧生物，而且绝对不适宜居住。

——阿尔弗雷德·拉塞尔·华莱士[18]，1907 年

程中，利用了两种当时盛行的潮流：第一是关于未来战争的小说盛极一时；第二当然是公众对火星的迷恋，这种迷恋被罗威尔的书引向了狂热的巅峰。威尔斯将这两条线索交织到一起，同时对英帝国主义做了严肃的评述。威尔斯一面将未来战争和火星生命这两个主题在逻辑上推向极致，一面又对世所公认的异星生命范本进行了颠覆。威尔斯并没有将外星人描绘成美化的人类，而是真正的异形存在。他笔下的冷血火星人形如章鱼，是引力低于地球的星球上的产物，这使得它们在地球上举步维艰，被迫使用机器作为交通工具。对读者公众而言，这样的外星人前所未见。此外，与早期故事中那些仁慈的类人外星人不同，这些生物显然是邪恶的——高度智慧而又冷酷无情——没有其他

目标，一心只想彻底灭绝人类，只计划保留少数几个，作为奴隶驱使。但威尔斯塑造的外星人形象仍有一处欠缺，那就是：它们虽然外观看起来与地球人完全不同，但我们从来没有真正了解过它们的思想。具有智慧的外星人或许外表看起来和人类大相径庭，那它们的思想也会不一样吗？

1908 年，威尔斯为英国杂志《大都会》（*Cosmopolitan*）撰写了一篇非虚构类文章，名为《火星上的生命》，表面上借鉴了罗威尔的运河理论，并试图尽可能真实地对这颗红色星球上的生命进行描述。事实上，关于外星生命可能是什么面目，这篇文章也许是现代最早的严肃思考之一：

这是一张火星动物示意图，它比地球上

胚种论

"胚种论"来源于一个希腊词语，意为"到处都是种子"，系指生命的基本组成部分存在于整个宇宙间。这些"种子"可能是以复杂分子甚至 DNA 的形式存在，微小至极，星光本身的压力便可以驱动它们穿越太空。尽管这是一个缓慢的过程，但亘古无央数劫以来，它们可能早已在我们银河系中扩散开来，甚至可能扩散到了各星系间。有些科学家提出，地球上的生命正是起源于这种漂流到我们的星球上的种子。尽管这一基本观点可以追溯到希腊哲学家阿那克萨哥拉，但胚种论最早却是由瑞典化

学家琼斯·雅可比·贝采里乌斯（Jöns Jacob Berzelius，1779—1848）、英国物理学家开尔文勋爵（威廉·汤姆森）（Lord Kelvin / William Thomson，1824—1907）和德国物理学家赫尔曼·冯·亥姆霍兹（Hermann von Helmholtz，1821—1894）推广开来的。数十年来，这个理论多少有些沉寂，只有少数科学家对此表示支持，但到了今天，伴随着宇宙中存在着复杂的有机化合物这一发现，这个概念复活了。

定向胚种论认为，这些种子是被刻意送入宇宙中的。就开启了一种可能性，即我们其

实都是外星入侵者，数十亿年前，远古的化学种子落到了地球上，经过久远更迭，形成了我们这些后裔。当然，这一概念无论顺逆都可以发挥作用。有人就提出，既然目前用体积庞大的宇宙飞船将人类送往其他星球需要历时数代之久，那么也可将人类的 DNA 散布到太空中，顺着星光的洪流，从一个世界飞到另一个世界。

……火星植物的茎秆应该更为纤细，结构也更加松弛……在火星上生长的植物应当比地球上任何一种植物都更高大，这种猜测似乎很合理。

——赫伯特·乔治·威尔斯，1908 年

对应的生命形式具备更大的肺部空间。火星植物较之地球上的更为蓬松易损；基于同样的原因，火星动物王国中的生命形式也应当更加松垮脆弱，体形则比地球上的动物要么更庞大，要么更纤细。

这样一来，关于火星上那些挖掘出气势恢宏的运河体系的统治者，我们就可以更好地思考：它们具备与人类相似或超越人类的智慧，除非罗威尔先生是位捕风捉影的空想家，否则它们应当已将火星操控于股掌之间，能够系统而彻底地发布命令、加以塑造，我相信总有一天，人类也会将地球带领到这样的方向。显然，这些统治者是由类哺乳动物当中的某一种属进化而来的，正如在我们这颗星球上，人类是从陆栖动物进化而来的一样……

它们很可能会有某些与我们相似的特征。

对页图：法国插画家查尔斯·杜杜伊特（Charles Dudouyt）为早期的法国版《星际战争》绘制了赫伯特·乔治·威尔斯笔下的怪物。

左、右上图：两位不同的艺术家分别描绘的威尔斯书中的章鱼形火星人。（左上图）英国艺术家沃里克·戈布尔（Warwick Goble）在 1897 年为《星际战争》所作的第一版绘图。（右上图）1906 年，巴西艺术家阿尔文·科拉（Alvim Corrêa）尝试着描画的火星人。两相对比，科拉笔下的生物无疑更为凶恶恐怖。

> 我们在火星上找不到苍蝇、麻雀、狗和猫。
> ——赫伯特·乔治·威尔斯，1908 年

既然我们假定他它们起源于准哺乳动物，那就说明它们很可能也具有接近人类的外貌，很可能有头部、眼睛和以脊椎支撑的身体，由于它们具有很高的智力，所以大脑必然也不会小，而由于几乎所有脑体积较大的生物，脑都倾向于长在头部前方靠近眼睛的位置，所以这些火星人可能会长有形态匀称的硕大头骨。但是，它们的身材可能比人类要魁梧，可能会有人类的二又三分之二倍那么大。

然而，这并不意味着它们的身高是人类的二又三分之二倍，考虑到火星上物质的松散结构，它们站立时可能仅仅达到人类一半的高度，而且它们身上很可能还覆盖着羽毛或绒毛。

即便天文学家并不相信存在着会修建运河的火星人，但火星上存在着某种生命的想法似乎颇有道理。

继续搜索

科学家之间的争论并不是火星上是否有生命，而是说可能会是什么样的生命。即使当时火星上并没有生命存在，但在过去，生命必定曾经存在过——正是人们这种坚定的信心，促成了 1976 年"海盗 1 号"和"海盗 2 号"探测器的发射。当着陆器降落在火星平原，即克里斯平原（Chryse Planitia）和乌托邦平原（Utopia Planitia）上时，许多科学家对于它们会发现生命的迹象一事深信不疑，结果实际发生的事情完全出乎他们的意料。

这对着陆器是专门为寻找生命而制作的，携带有 5 项实验所需的仪器，专为探测生物活动的迹象而设计。探测结果非但没能回答他

左上图：19 世纪的作家从帕西瓦尔·罗威尔极为浪漫的描述中得到了灵感，一个行将消亡的种族不顾一切地在没落的世界中勇敢地挣扎求生，在大片无边无际、平坦干旱的沙漠中，他们的城市聚集在绿洲周围。

右上图：威廉·罗宾逊·利（William Robinson Leigh）为 1908 年威尔斯关于火星生命的文章所配的插图中，包含了这个迷人的家庭群体。火星上较小的引力导致火星人身材纤弱，建筑也呈细长的形状。

上图：1976年，"海盗号"着陆器拍摄的第一张真实的火星表面照片，讲述了一个不同的故事。在橙红色的天空下，袒露着大片遍布火星的沙漠，看不出有水的迹象，更不用说运河了。

们的疑问，反倒引发了更多的问题和争论。其中两种实验仪器获得的答案是否定的。照相机和土壤分析仪原本是用来寻找生命遗迹的，也就是说，过去可能存在于这颗星球上的生命遗留的痕迹。然而传回到地球的图像上，却没有显示任何表明火星上曾经存在过生命的内容，土壤分析仪也没有发现有机分子。

然而，其他三项实验的目的是寻找可持续的生物性活动，例如光合作用的产物。为了实现这一点，土壤样本被放置到添加了营养物质的特殊容器内。这些过程都在监控下进行，三项测试也都反馈了肯定的结果。这是否意味

着火星上存在着有机生命体？许多科学家都这样认为。

但这种兴奋稍纵即逝。有人提出，这些测试的读数可能是由普通的化学过程而非生命体产生的。因此，虽然"海盗号"没有找到火星上存在生命的确凿证据，但也不能证明火星上没有生命，或者曾经有生命存在过。毕竟，有人合情合理地指出，火星上干燥的陆地面积比地球还要大，而"海盗号"着陆器只能探索其中微不足道的一小部分。有人指出，在南极的土壤样本中，类似"海盗号"的这种测试同样未能发现生命的迹象，而我们已知那里的确

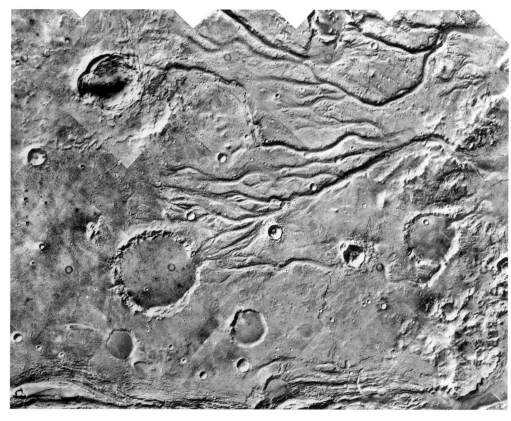

对页图：火星是一颗地质状况复杂的星球，上有太阳系内最大的山脉、最大的峡谷，而且在赭红色沙漠之下或许还蕴藏着大量的水体。

左上图："海盗号"轨道飞行器发回的图像令科学家们震惊，他们发现有明显的证据表明，虽然今天的火星看似干旱，但事实上，过去的火星表面曾经流动着大量的水。

右上图：后来的轨道飞行器拍摄的照片显示，火星可能并不像曾经认为的那么干旱。诸如这些通道的众多地貌不仅是由水流产生的，而且似乎是近年才形成的。

存在着微生物。火星的大气层非常稀薄，可以让来自太阳的大部分致命的紫外线辐射到火星地表。也许火星上的生命只是撤入了地下。

所有这一切努力并没有白费。"海盗号"轨道飞行器拍摄到的火星表面照片显示了一些完全出乎意料的壮观的地质特征。蜿蜒的河道、纵横交错的河床和泪珠状的岛屿都是无可辩驳的证据，足以证明曾经有水在火星表面流淌。但是有多少水呢？流淌了多久？最重要的是，水去了哪里？

寻找水

科学家们知道，火星上具备生命所需的一切要素，至少在几百万年前曾经如此。当时这颗行星的气温比现在更高，而且有液态水存在。当初生命形成之时，火星曾经拥有的元素、矿物质和化合物与地球别无二致。和早期的地球一样，火星也拥有来自火山和太阳的能量。数十亿年前，火星上也有过浩渺的湖泊，甚至

可能还有海洋。这些海洋可能是由矿物质和各种元素混合而成，源自陆地，经由雨水的冲刷和流星的撞击而来。这些水中也很可能含有大量溶解的二氧化碳。

科学家们知道，在地球上，古老的海洋中形成的数十亿不同的复杂分子是构成后来更为复杂的生命形式的基本要素。出于这个原因，科学家们猜测，在火星早期的海洋内，富含碳的化学水域中，是否也有可能形成过具备自我复制特性的复杂分子。

1984年，出现了一项令人兴奋的古代火星水的证据，当时科学家们在探索南极洲期间，发现了一块非常罕见的来自火星的陨石。这颗被命名为"ALH84001"的陨石重约2.26千克，近40亿年前，当时一颗小行星撞击了火星，这块岩石便从火星上一片现今称为"厄俄斯峡谷"（Eos Chasma）的区域被撞离。经过漫长的太空旅行后，约在13000年前，它又与地球发生了碰撞。

今天，远隔数十亿年的时间和数百万千米的空间，火星陨石84001向我们讲述了许多。它讲述了生命的可能性。

——比尔·克林顿，1996年

火星陨石中包含有气体和其他元素的痕迹，这些元素接近于陨石形成时那颗红色星球上的情况。当ALH84001在撞击下飞入浩瀚的太空时，科学家们相信，当时的火星表面还存在着液态水的海洋和湖泊。因此，科学家们推断，这块陨石中可能含有火星上远古生命的证据。

在对陨石进行检测时，科学家们不仅发现了火星远古大气的痕迹，还发现了一团团橙色的碳酸盐，类似于在地球上的洞穴中发现的石灰岩沉积物。这种物质约占陨石的百分之一。在许多层面上来讲，这都是一个重大发现。因为石灰岩只有在存在液态水的情况下才能形成，这意味着过去的某一时期，当初那块岩石已经浸没在水中了。此外，这些碳酸盐球体上覆盖着类似化石细菌的微型蠕虫形物质。然而，有一种反对意见认为，这些物质太过微小，只能认作是"纳米细菌"。

接下来，研究人员发现，这些微小球体中包含了有机化合物以及铁硫化物和磁铁矿的痕迹。虽然磁铁矿可以经由普通的地质过程产生，但在ALH84001中发现的却是一种在化学性质上十分纯粹的形式，已知只有趋磁细菌才能产生。当时，许多科学家对于这些是远古火星生命的迹象一说表示怀疑，他们举出了一些例证，说明这些材料也可能是由非生命过程产生的。

但是不管ALH84001是否含有火星化石，它都是证明曾经有水在这颗红色星球上流动的最早一批证据之一，也生动地说明了在我们心中，在火星上找到生命的渴望是何等根深蒂固。

火星科学实验室

火星科学实验室，又称"好奇号"火星探测车，于2012年登陆火星。它的探测目标之一是确定火星上是否曾经存在过生命。它的设计用途并非专门用于发现火星上仍然存在的生命（除了它的相机可能会偶然有所发现以外），而是为了发现，火星上是否存在过足以维系生命的条件。即使那生命只是简单的微生物，也会是一次重要的科学发现。那便证明，生命确实能够在我们自己的星球之外形成。

虽然探测车尚未找到远古生命的迹象，但它已经成功地证实，数十亿年前，火星是一颗非常湿润的星球。人们早就知道，曾经有水

上图：在南极发现的一颗名为ALH 84001的陨石中，含有一些科学家们认为是证据的物质，证明火星表面曾经存在过原始生命。这一证据以微观物体的形式存在，与地球上发现的细菌种类非常相似。

上图：图为一名艺术家描绘的 NASA 的火星科学实验室"好奇号"火星探测车，它提供了确凿的证据，证明火星表面曾经存在过丰富的水。自2012年以来，"好奇号"一直在盖尔陨石坑区域进行探索。

在火星上流动——河道和泪珠状的岛屿足以证明这一点——但人们曾认为，地表水可能只存在了很短的时间。也许这一时间太短，无法在生命的进化中发挥作用。现在科学家们已经知道，火星上曾经长期存在过溪流和湖泊，时间大约是在 38 亿到 33 亿年前。甚至还有证据表明，火星上有过辽阔的海洋。"好奇号"正在探索的盖尔陨石坑内，曾经充盈过湖水，深度或达半英里，存续时间长达 5 亿年之久。科学家们现在面临的挑战是，不仅要了解火星当初的环境为什么能够如此温润，而且还要了解火星上发生了什么。

现在水在哪里？

数百万年前，火星上可能确实有过海洋、湖泊和河流，但是现在那些水到哪里去了呢？今天的火星上是否还有水在流动？

人们普遍认为，火星曾经存在过的任何水，要么完全是冰，大气层中只有少量的水蒸气，要么则是被深埋在地底几百米甚至几千米之下。湖泊或河流虽然可能存在于遥远的过去，但在今天的火星上却并不存在。造成这种现象的罪魁祸首主要是火星大气层，或者至少是大气层的稀薄。火星表面没有足够的压力来防止水迅速蒸发，没有蒸发掉的部分则凝结成了冰，远古火星上的大部分水可能都散失到太空中去了。38亿年前的火星温度更高，大气密度更大，所以才会有液态水在火星表面流动。

对于今天火星上存在液态水一事，仍有一些科学家抱着希望，但这似乎只是一厢情愿

目前，火星上生存着比我们更为高等的种族的可能性很大。
——卡米尔·弗拉马利翁，1892 年

对页图：在遥远的过去，火星可能是一个水量丰富的世界，就像这幅图中想象的那样，其气候也有利于生命的演化。然而，火星微弱的引力场和不稳定的气候变化最终导致其原始大气消散殆尽，其上的水也随之消散一空。

右图：2008 年，美国国家航空航天局的"凤凰号"火星探测器证实了地下冰的存在。本图中的白色斑块是在着陆器的机器铲下显露的冰。"凤凰号"此行还发现了高氯酸盐，这种化学物质是地球上某些微生物的食物。

的想法。然后在 2015 年下半年，NASA 的火星勘测轨道飞行器拍摄到了若干长达百码的深色窄条纹，这些条纹沿着火星上众多不同地点的山坡和火山口向下延伸。在火星的夏季，它们的颜色似乎变得更深，顺着陡峭的山坡往下绵延，而在气温下降的时候则又逐渐消失。

人们认为，这些条纹是由目前存在的季节性水流形成的。航天器的光谱仪在山坡上检测到了水合盐，证实了这种条纹是由液态盐水形成的猜想。水中含有盐分，这一点解释了在低于冰点的温度（这几乎是火星上的平均温度）下，这些水为何还能流动。盐分溶解在水中，降低了水的凝固点，就像在地球上，冬季时我们在道路上撒盐，就能使冰雪融化得更快。

截至这一发现之前，人们认为火星上所有的水要么冻结成冰，要么埋藏在地下深处。如今，经过近两个世纪的搜寻，科学家们终于知晓，火星上现在依然存在液态水，并有规律地流过火星表面。而哪里有水，哪里就有生命。

太阳系其他地方有生命吗？

科学家一度将对外星生命的搜寻限制在行星中最接近于地球的这一颗，即火星之上，而时至今日，许多人开始相信，太阳系中的其他星球上不仅也可能存在生命，或许其可能性还要高于这颗红色星球。

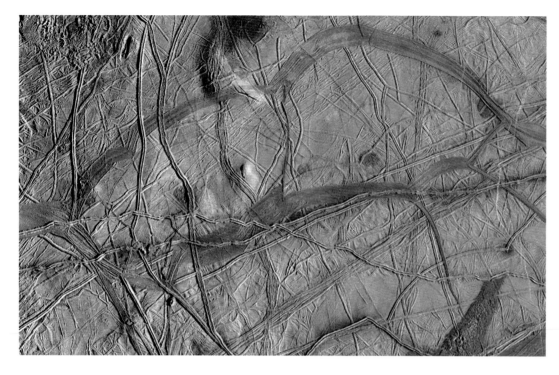

左图: 2015 年，NASA 宣布计划向木卫二发射探测器。轨道飞行器将会配备一种能穿透冰层的雷达，来搜寻地表以下的湖泊，并配备磁力计，使科学家能够确定水的深度和盐度。这张由伽利略轨道飞行器拍摄的照片显示了木卫二开裂的表面。它厚厚的冰壳始终处于持续的变化中，就像地球上北极的浮冰一样，随着冰壳裂开，富含有机物的水涌向地表。正是这种有机物质在木卫二表面留下了橙色的痕迹。

主要的候选者是木卫二（木星最大的 4 颗卫星之一）、土卫二（土星的一颗小型卫星）、土卫六（土星的一颗大小接近行星本身的卫星），甚至还有体积庞大的木星本身。众所周知，木卫二和土卫二都有大量的地下水储备。尽管木卫二体积较小——比我们的月球还要略小一些——但它的海洋所含水量可能相当于地球上所有海洋之和的两到三倍，并且可能深达 100 千米（约 62 英里）。

据我们所知，除了水之外，木卫二还拥有其他三种生命进化必需成分当中的两种：能量来源和原材料。后者包括复杂的有机碳基分子，是生命的基本构成要素。科学家之所以得知木卫二上存在着这些化学物质，是因为他们可以切实地观测到。木卫二原本光滑的表面上交错着成千上万的线状裂纹，这使得木卫二看起来很像是之前帕西瓦尔·罗威尔绘制的火星地图，如果没有其他更恰当比喻的话。这些裂缝形成的原因，是由于木卫二深达数英里的厚冰壳在下方由液态水形成的海洋上移动。在地球的南北极冰盖上，正是与此完全相同的历程

形成了浮冰。当冰体裂开时，深处地表之下的水会携带着其中蕴含的有机化合物，从裂缝中喷涌而出，结果便导致木卫二的裂缝上布满了红褐色的斑点——这是一种有机化合物的典型标志（在木星和土卫六的云层中发现的红色、黄色和橙色，同样也是有机化合物造成的）。

尽管木卫二的地下海洋隐藏在见不到阳光的地方，但它仍然能获得能量，那便是源自木星的潮汐挠曲能。当木卫二绕着这颗巨大的行星运行时，木星的引力会使木卫二发生挠曲。其效果类似于你手里揉捏一个橡皮球，当你快速挤压的时候，球就会变暖。同样，木星导致的木卫二的挠曲也会在地表之下产生热量。这使得海洋不再结冰，并能提供超乎所需的能量来弥补阳光的缺失。海洋上方的冰壳则起到了保护作用，可以作为抵御木星强大辐射的屏障。

在木卫二黑暗的深海里，会存在着什么样的生命呢？连最保守的科学家也希望，至少能够找到一些微生物，与地球海底热液喷口附近发现的那些欣欣向荣的微生物相类似。不

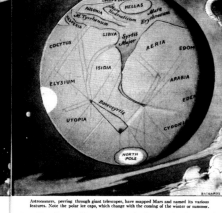

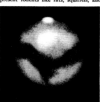

火星海狸

托马斯·埃尔韦（Thomas Elway）在 1930 年 5 月的《流行科学月刊》（*Popular Scientific Monthly*）刊物上撰文表示，他相信火星上的条件并不适合类人生物的进化。然而，他确信火星上存在着植物生命。他还推断，既然有植物，就必定会有以之为食的动物——尽管这些动物仍然"处在本能阶段"，而非智慧生命。

埃尔韦提出，经过数千年的时间，火星上最终进化出一种非常适合在火星上生存的生物。"现在，"埃尔韦写道，"火星上的条件对于一种生物非常理想，而地球上也有一种生物与之相对应，那就是海狸。它既能在陆地上生活，也能在水中栖息，它身穿毛皮大衣，可以保护它不受火星夜晚零下 100 摄氏度的严寒所伤。"埃尔韦请读者不要嘲笑他的巨型海狸，这些动物长有巨大的眼睛和巨大的爪子（为了向火星土壤深处挖洞）。毕竟，他说："至少跟我们所熟悉的虚构火星人（诸如长得跟人类差不多的火星人，用巨大的机器挖掘人工水道，或者更荒唐的那些像章鱼一样的火星人，有足够的智慧来计划征服地球之类）相比，成群的海狸状生物这种想法更为合理一些。"

右上图：这篇《流行科学月刊》（*Popular Scientific Monthly*）的标题已经说明了一切。作者托马斯·埃尔韦在文中设想，在火星极地冰冠这种严寒的不毛之地，像海狸这样皮实的动物是最能适应的。

左上图：想象中火星冰层下的景观。

过，既然木卫二的海洋至少已有 40 亿年的历史，那便有足够的时间和机会来演化出一个更庞大、更有活力的生物圈。毕竟，在环绕地球热液喷口那 370 摄氏度（700 华氏度）的水域当中或附近，能够生存的可不仅仅是微生物而已。海虫、虾和其他复杂的生命形式也在那里茁壮成长。如果氧气水平足够高，甚至还会有更大的动物存在，比如像鱼一样的生物。缺乏阳光几乎不会成为什么问题。

地球上的深海中也同样伸手不见五指。

生活在那里的生物自身就会发光……不是为了照亮所处的环境，而是为了吸引食物和潜在的伴侣。因此，木卫二的海洋也可能会被这类活生生的霓虹灯所照亮。

土卫二是土星的一颗小个子卫星，直径仅 505 千米（约 314 英里），在它的冰壳下也有一片覆盖全球的海洋。和木卫二一样，这片海洋也会因源自土星的潮汐挠曲而获得热能。在木卫二上，会有部分水以间歇泉的形式溢出，而在土卫二上，这些喷涌的水泉则蔚为壮观，

上图：在木卫二不见天日的深海里，会有什么样的生命形式存在呢？就像图中这幅画呈现的那样，在潜水探测器能够穿透环绕着这颗卫星的厚厚冰层之前，我们也只能猜测。

上图：2016 年，科学家们得出结论，在土星的卫星——土卫二的冰层之下，海洋中可能存在着地热喷口。正如在这位画家的戏笔之作中所见，这些温暖的岛屿可能富含营养，可能是各种生命形式的避风港。

美丽的羽毛状冰晶喷射向这颗卫星表面的天空，高达数百千米。对这些羽状物所作的分析显示，其中蕴含了氮、二氧化碳和氯化钠（食盐）、碳酸钠和一些简单的碳氢化合物，如甲烷、丙烷、乙炔和甲醛。虽然土卫二的海洋可能偏碱性，但它仍然含有一种有利于生命的化学反应过程。近来有证据表明，在土卫二的海底可能有热液喷口，类似于地球上被称为"黑烟囱"的海底火山喷口。这些将为生命进化提供理想的条件。

土卫六是土星最大的卫星，是一颗大小与行星相当的天体，其大气密度高于地球。土卫六的大气中主要是氮气，湖泊和河流中充斥着液态甲烷，地表本身则被一层致密的碳氢化合物所覆盖。土卫六上有水，但在低至 −179 摄氏度（−290 华氏度）的环境下，水跟岩石一样坚硬，我们所知道的生物体是无法进入其中的。然而，土卫六上仍然存在生命。早在 20 世纪 70 年代，美国天文学家卡尔·萨根和化学家比什珲·哈尔（Bishun Khare）就已证明，

对页图：这位艺术家画出的效果图中，在土星的巨大卫星——土卫六上，甲烷河流和温泉主宰着这片土地。在太阳系内的众多星球中，它是与地球最为相似的几颗之一，尽管土卫六上的温度很低，却拥有生命进化所需的全部要素。

上图：木星、土星、天王星和海王星这些气体巨行星虽然没有固体表面，但仍然可能是生命的家园。图中，美国艺术家乔尔·哈根（Joel Hagen）描绘了一种奇怪的生物，就像有生命的气球一样，它们可能从环绕着这些星球的云层中进化而来，并存在于此。

在土卫六的大气中可以很容易地形成氨基酸，而氨基酸是蛋白质的基本构成要素。

2016 年 7 月，人们又发现土卫六的大气中含有大量的氰化氢，这一发现更加重要。这种化学物质可以说是氨基酸和核酸的前身，反过来它又会导致蛋白质和 DNA 的形成。此外，氰化氢分子可以连接在一起，形成聚酰亚胺，这种分子在土卫六上的极寒温度下可以支持前生命化学反应。聚酰亚胺也能吸收光谱中众多不同波长的光，包括波长足以穿透土卫六那烟雾状云层的光。

在我们的太阳系中，生命面临的最极端环境也许是在那颗巨大的行星——木星之上。尽管木星的大气中包含了构成有机化合物的所有必要成分，且这一星球上确实存在充足的能量，但它也是一个对生命而言极端严酷的世界。木星很可能没有固体表面——随着物体逐渐接近木星表面，大气的密度也越来越大，直到最终彻底融化在围绕着这颗星球的液态氢之中。因此，生命必须在大气层本身中进化，在空中，它将被卷入以高达 1609 千米（约 1000 英里）的时速飞掠过星球表面的狂风之中，承受着 −168 摄氏度（−270 华氏度）的低温。没有一个安静的庇护之地，就像原始地球上的潮汐池那样，可以供生命在其中开始漫长的进化过程。

但是，假设确有生命在木星或任何类似的气体巨行星上进化的话，那又会是什么样的生命呢？由于没有坚实的地表可供栖息，这样的生命可能会以类似巨大的软式小型飞船的形式存在。巨大包膜内的大气气体可能会被生物过程加热，反过来又把这些生物变成活生生的

数十亿年的时间，加上数十亿起生物进化事件，最终才导致我们如今在地球上看到的多姿多彩的生命。

——罗恩·米勒

热空气气球。这样，它们对于盘旋的高度就能够取得一定控制，并选择身处某一空气层，其间盛行风正沿着适当的方向吹动，进而借此控制飞行的方向，就像地球上的自由气球驾驶员那样。这样的生物可能就跟巨大的降落伞差不多，而其他生命也有可能像萨根所提出的那样，如同空中水母，在温暖的上升气流中航行，或像蝙蝠一样滑翔，有着巨大的翅膀。

更多样的生命环境

仅仅是在地球上发现的千差万别的自然环境，便已经产生了令人眼花缭乱的各种生命形式，正是由此才产生了"生物多样性"这个词。至于即使是由同样简单的有机分子开始，其他星球上的生命可能会沿着怎样的方向往前发展，人们也只能猜测。

只要一颗星球上的环境不像太阳系内的金星那样严酷——金星的高温足以熔化锡，而且还有硫酸雨——那么就有生命进化的可能。它面临的唯一问题只是时间。从原始的单细胞生物进化到我们现在所看到的种类繁多的生命形式，需要数十亿年的时间。在此期间，环境必须保持相当的稳定性。例如，如果一颗行星的轨道非常奇特，那么在一年中的某一段时间里，它可能就会离其恒星极近，以至于温度高得不可思议，而运行到离恒星极远处时，又会变成一片冰冻的不毛之地。即使这颗星球可能会有部分时间位于适居带内——行星距其恒星既不过远，也不过近，适宜生命进行演化，各项条件恰好适合液态水存在，也称为"宜居

带"——但这段时间也不够长，不足以让生命得以立足。适居带依赖于恒星的光度，亮度和温度较高的恒星拥有半径更大的宜居带；而体积较小、温度较低的恒星周围，宜居带的半径则较小。尽管众多对类地行星的搜寻都集中在与太阳相似的恒星周围，但其实体积较小、温度较低的红矮星也同样可能有宜居带。任何围绕这颗红矮星运行的行星，只要达到足够接近的距离，都可能被潮汐锁定，其中一个半球会永远被照亮，而另一个半球却始终隐没在黑暗中。

即使行星在其恒星的适居带内稳定运行，也仍然面临着一些问题。行星的轴向倾斜可能和它与恒星的距离同样关键。正因为地球具备约 23 度的倾斜度，我们才有了四季更替。在数百万年的时间里，这一角度并没有发生显著的变化，为生命提供了一个稳定的环境，使其

上图：如图所示，恒星的大小和温度决定了其适居带所处的位置。在温度较低的红色小恒星（最上）周围，适居带如图中绿色部分所示，距离恒星较近。温度较高的大恒星（中间）的适居带相距恒星则要遥远得多。而像我们的太阳（最下）这样的恒星，其适居带相对居中，既不太冷，也不太热，适合生命所需。

右图：大月亮的存在可能是为生命的演化创造出稳定环境的重要因素。图中，我们看到的是 40 亿年前月球形成后不久的地球图景。当时的地球表面仍然是炽热的岩浆海洋，而巨大的月亮朦胧地挂在天空中。

能够在不受干扰的情况下发展。一些科学家认为，这一点应当归功于我们的月球。

旋转的陀螺在转动过程中会发生摆动，这种摆动被称为"岁差"。如果将行星比喻为陀螺的话，这种摆动很大程度上是由于恒星的引力作用造成的。行星运行时所处的平面也同样可以进动，当进动的转动轴和进动的轨道平面彼此同步时，这种组合会使行星的摆动变得混乱，而这反过来又会导致行星表面的条件发生剧烈变化。

然而，我们有一颗大得不同寻常的月球，它所产生的引力效应就像是一种稳定器，阻止了这种灾难性的进动在地球上发生。许多科学

家都认为，如果没有大月亮的稳定效应，行星上就不可能有生命的进化。由于地球拥有大月亮主要是出于偶然，宇宙中的其他类地行星不可能恰好也有同样的好运，这样一来，就又多了一个让人怀疑生命可能普遍存在的理由。

好消息是，大月亮的影响作用似乎被高估了。新的研究表明，太阳系中其他行星的影响已经足以使地球保持稳定运行，这样的话，即使没有月球，地轴的倾斜度也不会有超过 10 度的变化，不足以引起任何问题。

考虑到在太阳系当中，火星、木卫二、土卫二和土卫六上极有可能已经发生过生命的进化，那么假设在其他星系内的其他星球上，

那些环境即便只是稍微相似的地方，会有相同的过程发生，也不是完全不合理的。因为我们所理解的生命，即我们唯一已知应当如何寻找的生命形式的存在，只需要水、适合的化学物质、能量的来源和稳定的环境。自然现象表明，不仅一个物种的生存高度依赖于偶然性，即便是生命本身也是一样。已经存在了数千万年的动物种群可能会在一夜之间就灭绝一空。那些幸存下来的可能会被迫接受全新的进化轨迹。人类进化成为地球上的主导物种，也并非什么天经地义的事情。正如我们所见，成千上万个大大小小的随机生物事件中，任何一个都能左右我们星球上生命的进化过程。如果其中任何一次事件朝着不同的方向发展，那么地球上可能就会挤满了具有智慧的恐龙或蟑螂，而不是我们这些由类似于鼩鼱的小小动物进化而来的生物。我们星球上最早的单细胞生物的进化按照既有的路径演化，这一点从来无法保证。

这一切在地球上获得了成功：生命在挑战中幸存了下来。但是，鉴于生命如此脆弱，又必须冒着重重风险，如果任何系外行星（太阳系外的行星）存在生命的话，那里的生命与

上图：地球上的生命形成得很容易，灭绝也一样轻松。各种各样的事件，从邻近的超新星爆炸，到类似当初致使恐龙灭绝那样的小行星撞击地球，都可以令地球上生物进化的过程从头再来。图中，画家假想了一次小行星撞击发生在现代大都市附近的情形。

宇宙这道几乎没有尽头的鸿沟中，必定是充满了生命的。
——戴夫·艾彻[19]，2016 年

地球生命相似的可能性也微乎其微。还有另一种令人沮丧的可能性，即对于维持长期的生存而言，智能本身未必就是好东西。在过去，能够比食肉动物思考得周全或发明有用的狩猎工具是有益的。但我们的大脑是否过度进化了？毕竟，拥有哲学、科学、文学、艺术和诗歌这样的东西固然好，但即便没有它们，我们仍然可以活得好好的。现代医学所带来的好处，固然使得我们寿命延长、活得更快乐，但即便没有这些，我们也仍然能够生存下去。我们这一物种已经如此存续了数百万年。

根据许多科学家的说法，我们已经进入了一个全新的地质时代：人类世（Anthropocene）。这个时代起自人类活动开始对生态系统乃至地球的地质状况产生重大影响的时候。由于具备了这种力量，这种因我们具有智能而被赋予的力量，我们足以引发下一场大灭绝的发生——导火线可能已经点燃，各类物种的灭绝已经证明了这一点。对于地球生命的持续存在，智力的进化完全有可能产生反作用。就我们自身来看，现在做出判断还为时过早。考虑到地球上的生命必须经历重重障碍，以及智慧生命在地球上只存在了数十万年这一事实，在宇宙中数十亿其他行星上找到类似生命的机会又有多大呢？

2016 年，英国天体生物学家凯勒布·沙夫（Caleb Scharf）和化学家勒罗伊·克罗宁（Leroy Cronin）提出了一种解决这个问题的方法。为了达到这一目的，他们发明了这个等式：

$$\langle N_{abiogenesis}(t)\rangle = N_b \cdot \frac{1}{\langle n_o\rangle} \cdot f_c \cdot P_a \cdot t$$

其中：

$N_{abiogenesis}$（t）＝生命起源的概率（自然发生）

N_b ＝潜在构成要素的数量

n_o ＝行星上构成要素的平均数量（例如分子）

f_c ＝构成要素相对于时间的可利用度分数

P_a ＝每单位时间每组构成要素发生起源事件的概率

t ＝上述时间的长度

这个等式表明，一颗行星上产生生命的概率与生命基本构成要素的存在及数量有关，而这些形成生命的基本构成要素未必非得与地球上相同。这个公式还表明，在由多个行星组成的太阳系中，生命可能更容易形成。这两项结果都极大地增加了在宇宙中的其他星球上发现生命体的可能性。

星际动物园

　　1951 年，美国传奇科幻小说插画家埃德·卡迪亚（Edd Cartier）创作了一系列插画，猜想我们太阳系内各行星和卫星上的居民可能会是什么模样。卡迪亚的大部分想法都是基于当时关于这些遥远星球的特定环境所具备的知识。卡迪亚不仅是第一批描绘真正异形外星人（完全不同于人类的外星生命形式）的艺术家之一，而且可能也是第一位提出活气球概念的艺术家。

下图，从左至右：埃德·卡迪亚对外星生命的幻想至今仍让我们着迷，其中同时具备了想象力、科学的思考和纯粹的奇异性。下图（从左到右）分别为来自环绕天仓五的行星上的生物、水星居民和一个气球般的金星人。

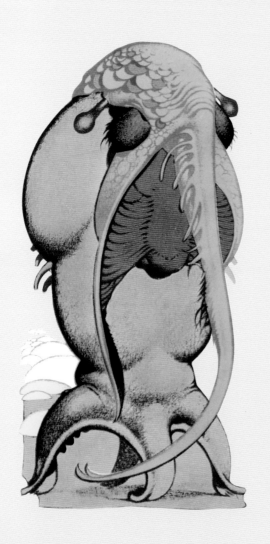  

下图，左上起顺时针：来自一颗绕着恒星鲁坦星789-6（Luyten-789-6）运行的行星上的居民；一种来自木星的巨型动物；火星公民；木星卫星艾奥上的居民；一位来自天鹅座 61 的访客；来自梅西耶星系（Messier galaxies）之一的一种植物性动物；来自"银河系之外"的一种生物；以及一种矮小的生物，没有母星，居住在星际间的太空中。

05

寻找地球 2.0

对页图：在一颗年轻的恒星周围，致密的尘埃和气体盘深处，一颗刚刚形成的行星正在慢慢地吸积（聚集更多物质），体积不断增大。尽管这是艺术家绘出的效果图，但哈勃太空望远镜已经观察到了这一宏大的过程发生的无数实例。

实际证据和逻辑推理都表明，在其他恒星周围也应该有行星存在。尽管如此，20 世纪 80 年代末，天文学家们仍在寻找，直到 20 世纪 90 年代，才明确观察到了一颗实际存在的星体。1983 年，有人发现，在绘架座 β 星（Beta Pictoris）这颗恒星周围，有一层由薄薄的尘埃组成的圆盘，类似于科学家们相信太阳系形成的早期阶段也曾经环绕在太阳周围的那种圆盘。有人认为，既然绘架座 β 星拥有这样一个圆盘，那么假定它周围也有行星似乎也是合情合理的。可惜的是，当时还不存在能够发现行星的技术，或者说至少还无法识别出这样的行星。

多普勒频移测量结果表明，至少在部分恒星周围，有一个或多个非常巨大的天体正围绕其运行。但是，这些天体比木星还要大许多倍，木星可是太阳系内最大的行星。因此，人们认为它们不是真正的行星，就将它们称为"褐矮星"，即比行星大得多的天体，但其引力又还不足以引发核反应并形成恒星。它们就像炽热的煤块一样，会发出微弱的光芒，并因此得名。虽然行星猎人们还没能找到真正的行星，但褐矮星——"几乎"就是行星了——的成功发现表明，他们的方向是对的，只是技术上还

需要更多的改良和实践。

脉冲星信号

1990 年，波兰天文学家亚历克斯·沃尔茨坎（Alex Wolszczan）在用波多黎各的阿雷西博射电望远镜（Arecibo Radio Telescope）研究脉冲星时，取得了一项惊人的发现。脉冲星是一种密度超高、快速旋转的微小恒星，它们在以难以置信的高速旋转时，会释放出强大的无线电能量束，像灯塔的光一样扫过天空。就像每次灯塔上的灯转向我们的方向时，灯塔的光就似乎在闪烁一样，每当朝地球方向旋转时，脉冲星的能量束似乎都会发生一次"脉冲"。当能量束以每秒数百其至数千次的频率扫过地球时，射电望远镜就会探测到一系列的嘀嗒声，就像精确时钟的嘀嗒声一般规律。

但是脉冲星 PSR 1257+12 却有点不规律。有时，脉冲会推迟若干分之一秒，有时却又会提前若干分之一秒。若非在脉冲星周围有一颗或更多颗行星正围绕着它运行，这种情况是不可能出现的。当行星围绕脉冲星旋转时，它们的引力会先把它拉向地球，然后又朝反方向拉动，这可能就会影响脉冲的时间。

沃尔茨坎认为，事实正是如此。实际上，

对页图：首次发现的太阳系外行星是一颗绕着脉冲星 PSR 1257+12 的轨道运行的行星，图为一位艺术家对此的重现。脉冲星所产生的强烈辐射使人们很难想象有超过这种严酷程度的环境，这里的条件是极为不利于生命存在的。

右图：人类发现的第一颗围绕类似太阳的恒星运行的行星是飞马座 51b，这颗行星本身不太可能有生命存在。它的体积与木星相当，与其恒星之间的距离只有地日距离的 1/20，其表面温度应当超过 1000 摄氏度（1832 华氏度）。

他认为有两颗行星在围绕 PSR 1257+12 脉冲星运行。一颗大约是地球质量的 3 倍，绕脉冲星运行一周大约需要 98 天；而另一颗大约是地球质量的 3.5 倍，仅需 66 天多点就能绕轨道运行一周。这两颗行星与脉冲星之间的距离跟水星与太阳的距离大致相同。

这是第一次有人获得实实在在的证据，证实除了太阳以外，其他恒星的周围也有真实存在的行星。但在绕脉冲星运行的行星上，生命存在的可能性微乎其微。脉冲星发射出的强大的 X 射线是致命的。虽然这些行星的发现令人兴奋，但也提出了一些重要的问题。行星围绕这颗脉冲星的形成只是偶然的巧合吗？更糟糕的是，如果在脉冲星周围形成行星的可能性比在太阳这样的恒星周围反而更大，那又会怎样呢？

这对于寻找外星生命来说是个坏消息，因为在这样严酷、恶劣的环境里，生命连开始都不可能，更不用说进化了。因此，天文学家们还是继续在与太阳类似的恒星周围搜寻行星的踪影。

行星猎人

1995 年，在瑞士日内瓦天文台，天文学家米歇尔·迈耶（Michel Mayor）和迪迪尔·奎洛兹（Didier Queloz）发现了一颗围绕着恒星飞马座 51（51 Pegasi）运行的行星。他们一直在寻找恒星的摆动，这种迹象表明周围可能存在着行星。他们研究了 150 颗恒星，才终于有所发现。他们找到的这颗行星尺寸比地球要大 7 倍，但仍然只有木星质量的一半左右，这个质量实在太小，也不可能是褐矮星，那就千真万确是一颗行星。

不幸的是，这颗行星的轨道离其恒星非常近（其上的一年仅有 4 天），几乎只有水星绕太阳公转的距离的 1/10。因为过于接近，致使这颗行星的表面温度超过了 999 摄氏度（1830 华氏度），这样的高温足以将岩石置于

我们的太阳照亮了它周围的行星；那么，为何不可能是每一颗恒星也在照耀着各自的行星呢？

——伯纳德·勒博维尔·德·丰特奈尔[20]，1686 年

熔融状态，甚至熔化铅、锡和银等金属。由于这颗行星很可能是由岩石和铁组成的近乎熔化状态的球体，在 7 倍于地球表面重力的作用下，加上自身的重量使然，行星上闪闪发光的景观可能会缓慢地流动，就像冰川一样，在这种情况下，山脉和陨石坑所能维持的时间，还不如在厚泥里挖出的洞维持的时间久。

在飞马座 51 的行星上存在生命是不可能的，这一点和绕 PSR 1257+12 脉冲星运转的行星一样。但有一个重要的区别需要考虑：飞马座 51 是一颗类似太阳的恒星，而不是像脉冲星那样的奇异天体。既然有了一颗行星，那就说明可能还有其他行星存在，而其他行星运行的轨道说不定离恒星足够遥远，足以顺应生命的需要。尽管在飞马座 51 周围暂未发现其他行星，但科学家们仍然受到了鼓舞，继续寻找着类似的恒星，以便发现行星系统的蛛丝马迹。

仅仅一年多之后，1996 年 1 月，美国天文学家杰弗里·马西（Geoffrey Marcy）和保罗·巴特勒（Paul Butler）便发现了围绕室女座 70（70 Virginis）和大熊座 47（47 Ursae Majoris）这两颗恒星运行的行星。它们都是和太阳相似的恒星。室女座 70 比太阳温度略低一些，存在的时间也更长，围绕它运行的那颗行星可能只是一颗褐矮星。但是环绕大熊座 47 运行的那颗行星质量仅为木星的 2.5 倍，围绕恒星运行的距离大约是地球的两倍，较之火星与太阳的距离还要略远一点，大约需要 3 年时间才能公转一周，它的温度可能也足够低，足以让液态水存在。

2000 颗行星，且数量还在继续增加

自从第一批系外行星被发现以来，20 年间，人们已经发现了将近 2000 颗行星。在所有这些新的星系中，有 500 个是与太阳系相似

对页图：1996 年发现的大熊座 47b 是一颗系外行星。这是一颗比木星还大的严寒星球，位于其恒星的宜居带之外。图为我们从它可能拥有的一颗卫星表面观看这颗鬼魅般的行星。

素人行星猎手

通过自发形成的"猎星人"网（http://www.planethunters.org），那些从未拥有过望远镜的普通公民也可以参与到系外行星的科学研究中。"猎星人"是一个鼓励合作研究的在线平台，2010 年由 Zooniverse 公司创建，来自世界各地的 30 多万名志愿者参与其中。这个项目依赖于人眼识别视觉图案的超强能力，在由 NASA 的开普勒太空望远镜传回的数据中

发现可能会被计算机忽略的图案。这些图案可以表明系外行星的存在。

该项目甫一启动的头两年中，便已发现了超过 40 颗候选行星，以及一颗被确认的类海王星星体。这颗行星距离地球足有 5000 光年之远，是迄今为止发现的首颗围绕着 4 颗恒星运行的行星。这颗行星被命名为"PH1"，意为"猎星人"计划发现的第一颗。

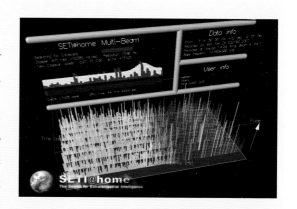

上图：SETI@home 项目让任何有台电脑、有点空闲时间的人，都能积极参与到发现新的太阳系外行星的行动中来。

左图：开普勒-452b 发现于 2015 年，是在与太阳相似的恒星的宜居带内发现的第一颗可能为岩石质地的行星。这颗"超级地球"比地球大 50%，重力是地球的两倍。

对页图：开普勒-186f 是史上首次发现的在其恒星适居带内运行的大小与地球相当的行星。虽然这颗恒星是一颗小而冷的红矮星，但它的运行轨道足够接近，其上的温度可能允许液态水存在，从而可能存在着生命。图中，艺术家想象出了一种可能存在的生命形式。这种植物颜色非常深暗，能更好地吸收来自暗淡恒星的能量。

的多行星系统。但这些行星当中，大多数都不适宜居住——至少不适宜我们所知的生命形式居住。事实上，这些行星中大部分的环境如此严苛，以至于任何种类的生命都不可能在那里进化。有些星球上的条件是如此奇异，以至于宇宙中竟然存在这样的行星，这一点本身就令人感到惊奇。

然而，据 NASA 的无价之宝——开普勒太空望远镜的发现，它观测到的恒星中，22%都有着与我们的地球具备潜在相似之处的行星。由于开普勒望远镜尚且只研究了银河系中极少数的恒星，科学家们就根据这一样本推断出，在我们的银河系中，可能有 20 多亿颗行星能够维持生命的存在。这样的行星将是"类地行星"和潜在的圣杯候选者：地球 2.0。（所谓"类地行星"，是指体积相对较小的行星，小到足以岩石化，而非像木星或土星那样的气态巨行星；并且，它们围绕其恒星在"宜居带"内运行。）

2014 年，开普勒望远镜确认了第一颗尺寸接近地球的行星，它位于一颗与太阳非常相似的恒星周围的"宜居带"内。开普勒-186

是一个有 5 颗行星的恒星系统，距离地球约500 光年，位于天鹅座方向。开普勒-186 的5 颗行星围绕着一颗红矮星运行，这颗红矮星的大小和质量相当于太阳的一半。在银河系中，红矮星占据了 70% 的比例，而我们已经发现，其中数百颗都有一颗或更多行星围绕它们运行。开普勒-186 的 5 颗行星中，最外层的开普勒-186f 行星每 130 天公转一周，而从其恒星那里获得的能量仅为地球的 1/3。这使其更接近宜居带的外围，就像太阳系中的火星那样。尽管开普勒-186f 与其恒星的距离比地球到太阳的距离更近，但它的恒星比太阳更小、更暗。开普勒-186f 上正午时分阳光的亮度，仅相当于地球上日落之前那一小时的亮度。

在寻找地球 2.0 的过程中，最令人兴奋的发现之一发生在 2016 年 8 月，当时人们发现，有一颗行星正围绕着比邻星（Proxima Centauri）运行。它被称为比邻星 b（Proxima Centauri b），是一颗岩石星球，只比地球稍大一点。它运行的轨道离恒星非常近，距离只有0.05 AU，这颗星上的"一年"只有 11 天。但由于比邻星是一颗小而暗淡的红矮星，这颗行

总有一天，人们应该能够放眼宇宙……他们应该会看到像地球这样的行星。
——克里斯托弗·雷恩爵士 [21]，1657 年

星接收到的光和热要比地球从太阳接收到的略少一些。尽管如此，它仍然正好位于比邻星的适居带内，其条件"正好"适合生命的潜在演化。关于这一过程是否已经发生，或者究竟是否可能，目前尚待确定。有一个障碍在于，这颗恒星是一颗带有 X 射线的耀星，这意味着其行星遭受的剧烈辐射可能会阻碍生命的发展形成。

对于科学界来说，尤其令人兴奋的一点在于，比邻星是离地球最近的恒星（当然，太阳除外）。在发现比邻星 b 之前，离地球最近的宜居行星距离地球也超过 20 光年。这就意味着，即使以光速飞行，单程旅行也需要消耗 20 年时间。将人类送上月球的阿波罗飞船得花费 50 万年，才能完成这一旅程。而这颗新行星距离地球仅 4.22 光年，所以随着过去 50

年来在推进力方面取得的技术进步，宇宙飞船就有可能在其寿命期限之内完成旅程。

胜过地球

长久以来，我们的地球始终是能够演化形成生命的行星的黄金标准。似乎足够幸运的是，所有适合的要素都以合适的比例存在。地球上有充足的液态水、稳定的环境，而且恰巧位于太阳的适居带正中。还有比这更好的地方吗？越来越多的科学家给出的回答是肯定的。

他们不再把我们的星球看作孕育生命的理想典范，相反，他们自问："如果要从零开始创造一颗星球，心中唯一的目标就是让它尽可能地适合于生命的需要，那么这颗星球将会是什么模样呢？"这个问题赫然会有一个令人惊讶的答案：这会是一个不同于地球的世界。

上图：2016 年，在比邻星的宜居带内发现了一颗地球大小的行星，比邻星是距离太阳系最近的恒星。因为距离地球只有 4.22 光年，这是有史以来发现的首颗人类可能在未来前往探索的系外行星。一位艺术家想象中的这颗星球表面的图景是，天空中高悬着一颗比太阳大七倍的恒星。但由于比邻星较之太阳更暗、更冷，所以这颗行星表面获得的热量不会比地球上来自太阳的热量更高。

尽管在有些心胸狭窄的人看来，人类困在这个世界上无法脱身……但将来总有一天，我们会去往月球，以及众多行星和恒星。
——儒勒·凡尔纳，1865 年

上图：太空中，有些行星上的环境或许比地球还要更有利于生命的进化。这些"超级宜居"的星球可以提供更好的条件，让生命得以出现、进化和繁盛。其中一些特征可能包括陆地面积更大，海洋更小更浅等。

理想的"地球"会略大一些，大约是地球实际半径的两到三倍。更大的地核将产生更强大的磁场，为抵挡太阳辐射提供更好的保护层。还会有更多火山，将二氧化碳和水蒸气喷入大气层中。更大的体积会产生更大的重力，这意味着大气层本身的密度也会增加。另外，更大的行星表面积也会大得多（对于半径是地球 3 倍的行星来说，其表面积就会高达地球的 13 倍），生命可以在上面立足，并找到一处栖息地。

"超级宜居地球"甚至也不需要在其恒星的适居带内运行。潮汐产生的热量，就像在木卫二、木卫一和土卫二上所发生的那样，可以为位于适居带以外的世界提供温暖。我们很容易想象一颗与地球大小相当甚至更大的行星，像月亮一般围绕着超级木星运行。简而言之，能够发生生命进化和维系生命存续的行星根本不必与地球非常相似。

其他地方存在智慧生命吗？我们如何加以识别？

地球相似性指数

　　要判断一颗行星有多近似于地球 2.0，可以通过其地球相似性指数（ESI）的得分来得出结论。这是由波多黎各大学阿雷西博分校设计的一种测量方法，测量对象是系外行星与地球的相似度。这一指数的范围从 0（完全不相似）到 1.0（与地球完全相同）。搜寻类地行星，也就是寻找 ESI 指数最接近于 1.0 的行星。"ESI"既不是精确的测量数值，也不是行星宜居性的直接指标，而是尽可能多地在比较了各种参数之后得出的结果。其中部分因素包括行星的半径、密度、逃逸速度和表面温度。一颗行星的得分越接近 1.0，就越有可能是岩石星球。而计算中所包含的不同特性越多，最终得出的结果就越能说明这颗星球实际上与地球有多么相似。

　　在太阳系内，地球的 ESI 指数当然为 1.0。火星的得分是 0.7，金星的得分是 0.44，但木星的得分只有 0.3，冥王星只有 0.08。开普勒 −186f 的得分为 0.64，而开普勒 −452b 的 ESI 得分高达 0.83，但它在迄今为止发现的最接近地球的类地行星中，也只不过排名第六。到目前为止，开普勒 −438b 以其 0.88 的得分暂时领先。关于比邻星 b，目前已知的信息尚不充分，暂时无法对其打分，但随着相关研究的进一步开展，后续也将对其进行评估。

右图：一种足够先进的文明或许能够借助一种巨型能量吸收结构，将其恒星包围起来，从而充分利用恒星辐射出的所有能量，就如同图中，一位艺术家所描绘的这些包裹着恒星的构造那样。这种能吸收能量的外壳被称为"戴森球"，以纪念首先提出这一构想的弗里曼·戴森。

对页图：一颗类地行星在艺术家想象中可能呈现的面貌。图中我们看到的是一个三行星系统，三颗类地行星，一面围绕彼此旋转，一面共同围绕其恒星运转。

世界各地的天文学家们对于恒星 KIC 8462852 呈现出的特性和表现都感到困惑。几年来，他们都曾经观测到它的亮度出现剧烈波动，周期性的下降幅度竟高达 22%，如此大幅的亮度变化似乎不可能是由一颗围绕其运行的行星所引起的，而如果解释为行星形成的行星盘的影响，似乎也不太合理。

KIC 8462852 是一颗处于成熟期的恒星，如果它周围有行星的话，应该早就已经形成了。然而，一些更有想象力的天文学家提出，这种亮度下降可能是由围绕其运转的某种外星人巨型构造体导致的。这种想法认为，这颗恒星可能是被一个戴森球包裹着。

这一想法是由物理学家、天文学家弗里曼·戴森（Freeman Dyson）在 1960 年提出的一项思想实验。在太阳向宇宙间传播的所有能量中，地球只拦截到极小一部分。他提出，一种足够先进的文明可以用某种外壳将恒星包围起来，从而收集来自恒星的所有能量。这不会是一种固体结构（实际上也不可能是），而是采用一种环形的、由太阳能收集器或栖息地组成的庞大星云状物的形式。这些结构可能最终会完全包裹住恒星，这样就根本不会有任何能量散失到太空中——这个想法最初是由英国科幻小说作家奥拉夫·斯塔普尔顿（Olaf Stapledon）在他 1937 年出版的科幻小说《造星主》（Star Maker）中首次提出的，可能对戴森有所启发。戴森意识到，这样的结构会产生一种独特的红外指纹，并建议正在寻找地外智慧生命信号的天文学家们，不妨寻找一下戴森球的迹象。

虽然认为这种巨型构造体的存在是一种高风险的赌博，但自 2012 年起，有些天文学家已经将射电望远镜对准了 KIC 8462852，希望能发现标志性的戴森球特征。然而，对于寻找外星人巨型构造体的希望而言，不幸的是，更新的研究结果表明，这种奇怪的效应很可能是由恒星的奇特形状和至少两颗凌日行星的存在造成的。

最左图：帕西瓦尔·罗威尔关于火星上可能存在生命的理论极大地激发了公众的想象力，基于与这颗红色行星进行沟通的想法，作曲家们也受到了启发，开始创作相关音乐。这支进行曲和两步舞曲是美国作曲家雷蒙德·泰勒（Raymond Taylor）和保罗（E. T. Paull）于1901年创作的。

左图：19世纪后半叶，几位科学家提出，或许可以通过巨大的镜子反射出的信号来与火星进行联系。这些方案中，最著名的当数法国发明家查尔斯·克罗（Charles Cros）阐述过的计划，1869年，他宣称要用一面巨镜来向火星发出信号。

聆听 ET：从特斯拉到 SETI

正如我们所见，人类一旦得知除了自己的世界之外，还存在着其他世界，就开始思考在那里生活的会是什么样的生命，以及如何去发现它。问题变成了：即使其他行星上有智慧生命，又怎么能跟他们交流呢？

伟大的德国数学家高斯（Carl Friedrich Gauss）认为，或许可以昭告全宇宙，宣布地球上存在着智慧生命。他的计划是创建一个巨大的图形来阐释勾股定理。可以通过在西伯利亚苔原上，按照几何形状种植大面积的小麦或黑麦来实现。在19世纪早期，澳大利亚天文学家约瑟夫·约翰·冯·利特罗（Joseph Johann von Littrow）建议，在撒哈拉沙漠挖沟，然后在其中填满石油并点燃。这样一来，从遥远的太空中便可以看到这一燃烧的信号。

当帕西瓦尔·罗威尔宣布在火星上发现了运河，并提出他的理论，认为这些运河一定是由智慧生命建造的时候，几乎同时便有人提出了如何与火星人联系的富于想象力的设想。法国诗人、发明家查尔斯·克罗（Charles

Cros）想在地球上建造一面巨大的镜子，用于将阳光聚焦到火星上，将消息烙印在火星的沙漠中，最好是能拼出"对不起"的字样。

40年后，德国生物学家威廉·波尔仕（Wilhelm Bölsche）提出了一个非常新颖的想法，他的灵感来源于胚种论，该理论不久前刚被瑞典科学家斯凡特·阿伦尼乌斯（Svante Arrhenius）老调重弹。虽然阿伦尼乌斯提出这种想法是为了解释生命的种子是如何在行星间甚至星际空间中传播的，但波尔仕认为，这或许也能作为一种与其他世界交流的方式。他提出将几何图形微刻在尘埃颗粒上，然后抛向太空中，以便被太阳风带走。

19世纪末，一些科学家推测，新发明的无线电或许也是一种与其他世界交流的潜在方法。尼古拉·特斯拉（Nikola Tesla）和他的主要竞争对手托马斯·爱迪生都认为，自己已经从太空中探测到了无线电信号。特斯拉这边找到的信号来自地面广播，而爱迪生则发现了来自太阳的无线电辐射。当时的人们如此笃定火星上必然有生命居住，以至于1900年，当

一个多世纪以前，人类已首次探测到了银河系中的无线电波。
——罗恩·米勒

下图：1951 年出版的这幅图，成为 20 年后著名的"旅行者号"探测器（Voyager）所携带的金唱片的先声。绘图者希望能将关于地球及其技术的基本理念传播到邻近的行星——火星上去。

富有的巴黎名媛克拉拉·古热·古兹曼（Clara Gouget Guzman）设立了一个奖项，专门用于奖励第一个与另一颗星球沟通的人时，还特地将火星排除在外，因为她认为这太容易了。

随着 20 世纪 30 年代射电望远镜的发明，以及人们发现在星际间也可以探测到无线电信号，最终导致了星际通信方式设想的转变。与其尝试向其他星球发送信号，不如聆听从外星传来的信号，这样做要简单得多，成本也低廉得多。

1960 年，美国天文学家弗兰克·德雷克（Frank Drake）创建了"奥兹玛计划"（Project Ozma），这是人类第一次试图探测来自外星文明的无线电信号。他使用了位于西弗吉尼亚州格林班克的射电望远镜，对选定的恒星进行了观测，以便寻找异常信号。他的搜索虽然徒劳无功，却最终导致了在全球范围内创建几个崭新的 SETI 项目。为了对这项研究进行统一协调，1984 年又成立了"地外文明搜寻协会"。如今，该研究所已经投入了超过 2.5 亿美元的研究经费，雇用了 140 名员工，管理着超过 100 个不同的项目（除了搜寻地外文明之外，还包括与行星探索和天体生物学相关的研究）。通过使用加州大学创建的 SETI@home，无论身处世界的哪一个角落，只要有一台电脑，任何人都可以参与到地外文明的搜寻中来。

虽然 SETI 几十年如一日地聆听着太空，但尚未发现有关外星文明的确凿证据。曾经有过一些诱人的线索，始自 1977 年著名的"哇！"（WOW!）信号（见第 111 页图）。最近的一次

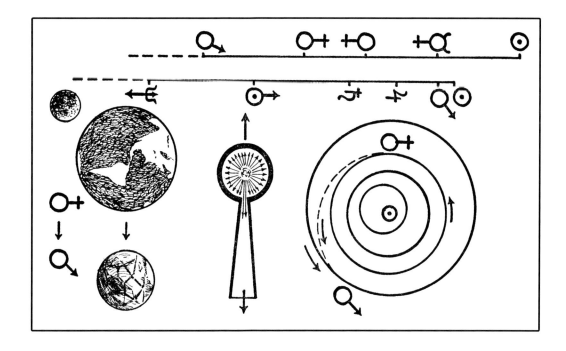

> **如果有一天，我们发现了这样的生命，它就不会与人类的形象相符合吗？这就是我的信念。**
> ——温·布鲁克斯（Win Brooks），1948 年

发现是在 2016 年 8 月：从 HD164595 的方向传来一个强烈的信号，那是一颗类似太阳的恒星，距离地球 95 光年。目前已知其拥有一颗木星般大小的行星，这意味着它周围可能还有其他行星。虽然这种信号是不是人为产生的仍有待商榷，但科学家们已将这颗恒星置于永久监测之下。

与此同时，想要向全宇宙昭告我们存在的愿望也并未消失。当人们意识到"先驱者号"和"旅行者号"探测器最终都将完全离开太阳系时，就在它们上面附加了信息。两个"先驱者号"探测器上携带的是经过雕刻的镀金铝板，其上刻有由弗兰克·德雷克和卡尔·萨根构思的艺术作品，由萨根当时的妻子琳达·萨尔兹曼（Linda Salzman）设计，描绘了人类男女的形象，以及地球在太空中所处的位置。这两架探测器先后于 1972 年和 1973 年发射，及至 2010 年，它们早已进入了星际空间的深处。"先驱者 10 号"到达的位置与地球的距离相当于日地距离的 100 倍。即便如此，"先驱者 10 号"还得再继续飞行 2700 倍于此的路程，才能抵达距离最近的恒星，即距今将近 108000 年之后了。我们不知道它们最终会发现什么，但我们是否有可能找到更为接近的外星生命呢？

左上图：旅行者 1 号于 2012 年离开太阳系，将于 4 万年后经过恒星 AC+79 3888 附近。它携带着一张记录着地球上的各种图像和声音的金唱片。

右上图：1974 年，在卡尔·萨根和其他科学家的建议下，弗兰克·德雷克设想出了一种可以从阿雷西博射电望远镜发送到太空中的消息。解码后，这一消息能提供诸如数字 1 到 10、组成 DNA 元素的原子序数和地球位置之类的信息。这条消息的目标是星团 M13，需要 25000 年才能到达。

对页图："先驱者 10 号"和"先驱者 11 号"都于 1983 年离开了太阳系。"先驱者 10 号"将在大约 200 万年后到达恒星毕宿五附近；而"先驱者 11 号"则会在大约 400 万年后，靠近天鹰座内最接近的恒星。两架探测器上都携带着由弗兰克·德雷克、卡尔·萨根和琳达·萨尔兹曼·萨根（Linda Salzman Sagan）设计的信息板，图中这幅著名的画作正是由琳达·萨尔兹曼·萨根创作的。

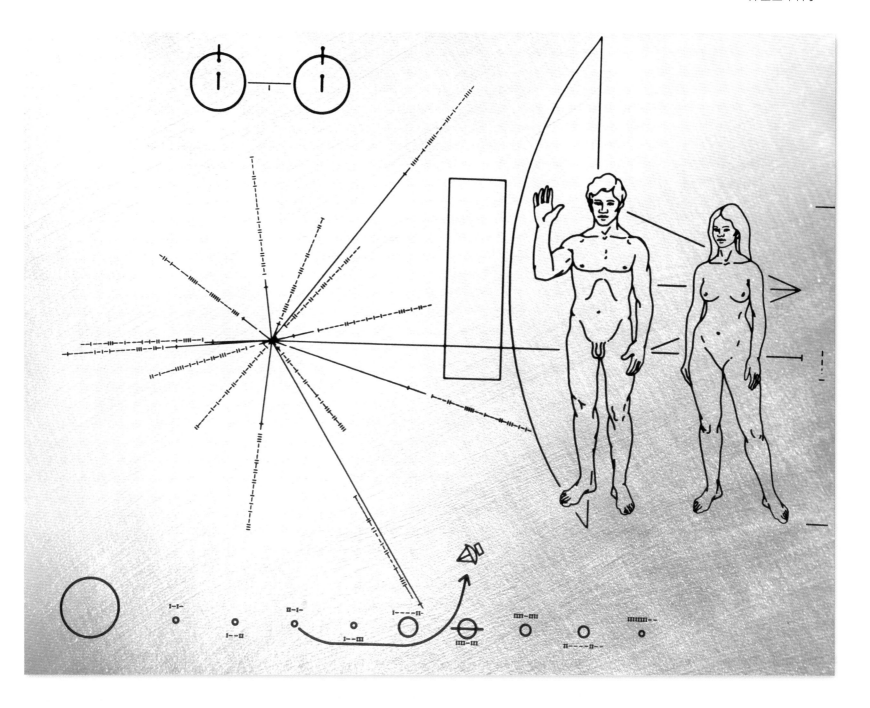

"哇!"信号

1977年8月15日,美国天文学家杰里·伊曼（Jerry Ehman）正在俄亥俄州立大学的"大耳朵"射电望远镜上查阅大量的计算机打印资料。他的发现令他大吃一惊。在原本平淡无奇的杂音中,突然出现了一个意想不到的峰值。兴奋的伊曼在信号上画了个圈,在旁边潦草地写下"哇!"（WOW!）这是期待已久的外星智慧生命发出的信号吗? 在接下来的一个月里,天文学家们对这部分太空反反复复做了100多次观测……然而这个信号却再也没有出现。一些人认为这可能是来自一颗机密军事卫星的信号,或者是来自地球的普通无线电信号,只是被太空残骸反弹回了地球。无论是上述哪一种情况,这个信号肯定都会随着这一物体绕地球的运行而重复出现,但是"哇!"信号却从此再也没有出现过。

不同恒星照耀下类地行星的景象

　　图中所示的，是在 6 颗不同的类太阳恒星的宜居带中，同一颗类地行星呈现的假想面貌。不仅生命本身存在的环境是由每颗不同恒星释放的热量决定的，甚至连（存在植物之处的）植物颜色也受到不同光谱的影响。例如，在低温红色恒星的昏暗光线下，生长的植物是深蓝色或紫色，这使得它们能够更为有效地吸收能量。

本页及对页图：在不同的类太阳恒星照耀下，即便是同样的景观看起来也会截然不同，正如图中作者罗恩·米勒所示。对页是在围绕一颗 M1 恒星运转的行星上可能呈现的景象。本页左上角起顺时针分别为同一个世界呈现的不同景象，绕一颗 G 型星运转，看上去似曾相识，因为我们的太阳就是这种恒星；接下来是炽热的 F 型星、M5 恒星、K 型红矮星；最后是 M3 恒星，它的辐射极强，所以生命待在水下是最安全的。

与外星生命的接触将动摇人类社会的基础，这将是有史以来最为重大的发现。

——戴夫·艾彻，2016 年

PART3

外星人
在人间

06

飞碟降临

对页图：1958 年，在巴西特林达迪岛上拍摄到的模糊的 UFO 摄影照片，这幅照片如今堪称经典。摄影师是阿尔米罗·巴劳纳（Almiro Baraúna），他曾拍摄过若干欺诈照片。

上图：UFO 地外起源说的两位主要支持者，美国天文学家艾伦·海尼克（1910—1986）和雅克·瓦利（1939—　）。

来自其他星球的外星人故事与关于 UFO 和飞碟的故事固然有所重叠，但不一定完全是一回事。在飞碟现象出现的最初十几二十年间，大家心照不宣地认为，不管飞碟是什么，都很可能是来自外太空的访客。然而，时至今日，虽然我们所熟知的"天外来客假设"仍然占主导地位，但还是提出了许多其他的理论。例如，

有一些人坚持认为 UFO 是一种超自然现象。首位倡导这一理论的，是最早一批 UFO 专家之一的雅克·瓦利（Jacques Vallée），在电影《第三类接触》（Close Encounters of the Third Kind）中，拉康姆（Lacomb）这一角色的灵感即来源于他。瓦利提出，我们看到的所谓"飞碟"，只不过是某种未知而强大的力量投射到我们头脑中所形成的图像而已。

另一阵营则认为，所有的 UFO 目击事件要么是幻觉，要么是误判的自然现象，要么就是彻头彻尾的骗局。关于这类观点有颇多值得一提之处。事实上，关于 UFO 现象仅有的两项正式研究，即《项目蓝皮书》（Project Bluebook，1952 年）和《康登报告》（Condon Report，1968 年），得出的结论是，除了一小部分之外，绝大多数 UFO 目击事件都可以很容易给出解释。毋庸讳言，很多人都直奔剩下的那一小部分未行解释的事件而去，并假定这说明有一些事件是无法解释的。然而"未行解释"和"无法解释"，这两个概念完全是两回事。

另有一种流行的理论是，UFO 实际上是种生物。这种想法早在现代"飞碟"出现之前，就已经存在了多年。阿瑟·柯南·道尔

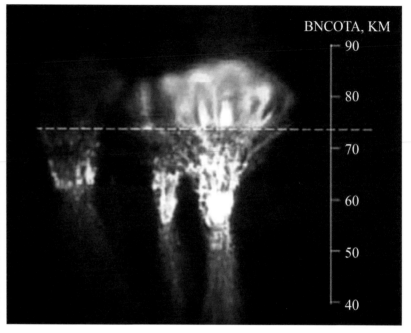

爵士（Sir Arthur Conan Doyle），即神探福尔摩斯的塑造者，1913年出版了一篇小说《恐高症》（The Horror of the Heights），讲述了一名飞行员试图打破当时海拔9144米（约3万英尺）的高度纪录，同时解开早期高海拔飞行员们的离奇死亡之谜，其中一名飞行员的遗体被发现时，头颅已经不翼而飞。该飞行员认为，谜底就在"上层空气的丛林"中，那里存在着一整套生态系统，体积庞大的凝胶状半固态生物居于其中，形如巨型水母。结果他不幸言中。

在他的作品《瞧！》（Lo!，1931年）中，那位兢兢业业探究离奇现象的杰出研究员查尔斯·福特（Charles Fort）写道："常有人目击未知的发光体或生物，有时靠近地面，有时高悬空中。可能有些生物平时生活在其他地方，偶尔前来造访。"近来，"不明飞行生

命体"理论的支持者也为数不少。UFO作家特雷弗·詹姆斯·康斯特布尔（Trevor James Constable）便是其中最为活跃、最能畅所欲言的人物之一。他积二十年之心血，出版了几部著作，其中包括《它们生活在天上》（They Live in the Sky，1958年）和《空中生灵：UFO生命体》（Sky Creatures: Living UFOs，1978年）。在那些将康斯特布尔的观念发扬光大的人当中，英国著名隐生动物学家卡尔·舒克尔博士（Dr. Karl Shuker）可能是最为知名的一位。尽管地球平流层中充斥着身长达到数百甚至数千米的生物这一可能性极低，但许多人却深信，巨型"空中水母"有可能存在于类似木星和土星这种气体巨行星上。

一些不明飞行物可能是由电子的原因形成的，类似于"地震光"和球状闪电等鲜为人

左上图：特雷弗·詹姆斯·康斯特布尔的著作《它们生活在天上》（1958年）是最早谨慎提出UFO可能是生命体的书籍之一。

右上图："空中水母"的想法可能是受到了"精灵"的启发。"精灵"是一种不寻常的放电现象，发生在高层大气中，而且罕有被拍摄到，2012年的这张照片算是其一。

对页图：亚瑟·柯南·道尔的短篇小说《恐高症》（1913年）描写了与生活在地球高空中的生物的遭遇。这可能也是首次有人提出这种想法。这幅由斯托特（W. R. S. Stott）创作的插图来自原版图书。

那具躯体至少有 30 米（约 100 英尺）长……它飞快地转过身，消失在旧金山的方向。
——凯斯·吉尔森（Case Gilson），1896 年

知的现象。人们认为，这或许也可作为"二战"期间臭名昭著的"喷火战机"的一种解释——战机飞行过程中，似乎有发亮的光球一路跟随。

最后，还有一种观点认为，UFO 完全就是来自地球。事实上，这也是针对大多数早期观测到的 UFO 的最初解释，比如上面提到的喷火战机，以及"二战"后和接下来的几年间出现的"幽灵火箭"。从那时起，有关不明飞行物的解释便可谓众说纷纭，从美国和苏联的机密实验，到纳粹的秘密飞机，再到生活在地球中心的亚特兰蒂斯大陆的幸存遗民。这一理论有一个子集称为"超级地球生命"。该理论乃是基于地球上还有另一种智慧物种的观点，这一物种与智人一起进化，但其遵循的发展轨道却与智人迥然不同。它们无论在哪一方面都

遥遥领先，与我们的差距如此巨大，以至于我们几乎无法将它们辨认出来。所有民间传说、传奇故事和《圣经》中的异常生物——神灵、天使、仙女、妖精、精灵、龙、怪物等——实际上都只是超级地球生命的种种表现形式而已，对它们的记忆和形容并不准确，这些生命已经成为我们神话和宗教文化中的一部分。超级地球生命的所作所为自有它们的动机，但已远远超出了人类所能理解或领悟的范畴。这个雄心勃勃的理论有一个基本前提，即民间传说和神话中的生物和事件并非现代 UFO、外星人、绑架等事件的灵感来源，而是真实的实况报告，其中所描述的种种现象与我们今天经历的事件完全相同。

19 世纪 90 年代末，在短短一段时期内，便有一大拨 UFO 目击事件席卷了整个美国，

左上图：见于 19 世纪 90 年代的一个不明飞行物的典型描述，和许多真实与想象中的飞船十分相似，在全国的杂志和报纸上都有过刊载。这一飞行物雪茄形的躯干和若干螺旋桨显然更像是来自地球，而非外星。

右上图：这个不明飞行物是在 1897 年被发现的，它与当时世界各地的发明家们正在试验的飞艇非常相似，特别是雪茄形的气囊和下方供乘客们乘坐的悬挂式狭长吊舱。

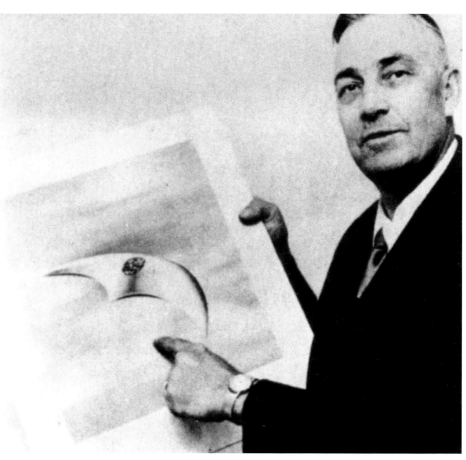

左上图：捷克斯洛伐克画家卢德克·派塞克（Ludek Pesek）绘制了肯尼斯·阿诺德的目击场景。这些物体看起来像是由抛光的金属制成，在群山构成的背景中列队飞行。

右上图：肯尼斯·阿诺德指着一幅描绘他于1947年看到的不明飞行物的图画。按照阿诺德的描述，它们并非碟形，而是新月形，移动方式类似碟子掠过池塘水面。

其等地，甚至还曾有过一些来自美国的报道。幽灵火箭通常被描述为雪茄形金属物体，通常带有鳍状物。到了1946年年底，这类报告逐渐不再出现之前，人们已经"目击"过近千架次了。

喷火战机通常被认为是反常的电学或光学现象，甚至是纯粹的幻觉（一架在太平洋上空飞行的B-29轰炸机机组人员目击了喷火战机，结果发现那不过是黎明前的金星）。然而，幽灵火箭倒可能，至少在某种程度上确实是如人所见的模样。瑞典成立的一个委员会专门调查了这些目击事件，他们认为这可能是由苏联发射的V-1"喷射推进式炸弹"。毋庸置疑，苏联和美国当时的确都在积极发展各自从德国人手里继承来的火箭技术。

无论对这些现象做出何种解释，它们都有一个共同点：无人认为喷火战机或幽灵火箭

来自外太空。1946年夏到1947年夏之间，曾经有过一些奇怪的报告（不足24起），是关于不同寻常的飞行物体的，但是没人过多关注。直到1947年6月24日，一切就此改变。一名商人、前联邦副警长、飞行员肯尼斯·阿诺德（Kenneth Arnold）正驾驶着下单翼私人飞机，在华盛顿州雷尼尔山（Mt Rainier）附近飞行，此时，他注意到自己的左侧有一道耀眼的亮光。他惊讶地发现，"有九艘奇形怪状的飞行器正排成一线，由北往南飞，高度大约2895米（约9500英尺），看似正飞往170度方向某个确定的目的地"。每隔几秒，其中两三架飞行器就会稍微改变方向，而此时就会有一道阳光闪过，就像一开始引起他注意时那样。

通过将这些飞行器与它们经过的地貌进行对比，阿诺德估计它们排成的那道线长约8千米（约5英里）。他测量了它们飞越两座山

不明飞行物：可靠的案例很乏味，有趣的案例不可靠。
——卡尔·萨根，1975 年

峰所需的时间，后来进行计算时，他发现它们的飞行速度已经高达每小时 2735 千米（约1700 英里），为声速的两倍多。而人类有史以来的第一次超声速飞行还是此后 4 个月的事，至于飞行速度首次达到声速的两倍则要到1953 年。

当阿诺德向其他飞行员描述自己目击的情形时，有人认为那可能是某种实验性的秘密制导导弹，而另一些人则联想起了最近战争中的喷火战机。阿诺德把报告带到联邦调查局最近的办公室，却发现他们已经关门了，接着他又去找了当地的报纸。他告诉那里的记者，那些物体"如果丢进水里的话，就会像碟子一样

掠过水面"。这一描述非常生动形象（尽管阿诺德从未说过飞行物本身就是碟形的，他把这些飞行器描述成新月形），于是当新闻媒体进行报道时，就将其形容成了"飞盘""会飞的碟子"，以及开后世之先的"飞碟"。

在阿诺德听似翔实的经历发生 70 年后，有关飞碟的神话已经演化到了史诗般复杂的程度，以至于在短短一章的篇幅内，我们基本上仅能提供一个极为简短的概要。然而，由于 UFO 和外星人主题在很大程度上是平行的叙事，这也同样适用。我们对于飞行器本身的兴趣不及对于驾驶飞行器的主体的兴趣。虽然自以为见过这些飞行器的人已有成千上万，但只

有谁在造访地球吗？

尽管几乎可以肯定，在宇宙的其他地方也存在生命，可能还是智慧生命。但问题是：我们是否在被他们造访？

遗憾的是，答案很可能是否定的。无论就逻辑学还是物理学而言，外星访客——至少我们在小报和大多数支持 UFO 存在的书中读到的那种——存在的可能性都极低。实际上只有两种可能。生命要么遍布宇宙间，要么就是一种罕见的现象。如果宇宙中生命比比皆是，那么我们的星球就真的无甚特别之处，必然不足以保证我们获得目前受到的这种程度的关注。毕竟，我们的宇宙已经有将近 140 亿年的历史了。如果生命遍布于宇宙间，就必定存在

有每一个发展阶段，从原始的单细胞生物体，到已经比我们先进化了数千年甚至数百万年的生物。那地球又为什么会被特别挑出来呢？

这就涉及外星人入侵的常见科幻主题了。地球上究竟有什么东西是在离他们自己家园更近的地方找不到的呢？我们知道，各种元素在宇宙中随处可见，从铁到水，甚至是复杂的碳氢化合物，应有尽有。何必非得要飞行上几百光年，跑来寻找在自家后院就能找到的东西呢？星际旅行是件耗资甚巨的事情，即使是对于技术最先进的种族也一样。投入如此之多的时间、精力和资源来入侵地球，无论出于什么原因，都很难物有所值。另一种情况下，生命

也可能是极其罕见的。这样一来，发现一个充斥着生命的星球，比如我们的地球，将具有相当重要的意义，对于一个文明而言，甚至可能是历史上最重要的大事。这种事当然不能草率对待，这对他们以及对我们来说都同等重要。出于同样的原因，外星人入侵的可能性很小，而耗费了如此巨大的心血之后，外星访客也不太可能就这么四处闲逛，炫耀花哨的特技飞行表演，跟大家玩什么躲猫猫。

总之，没有理由认为地球是宇宙的中央车站，正如许多 UFO 支持者似乎想要我们相信的那样。

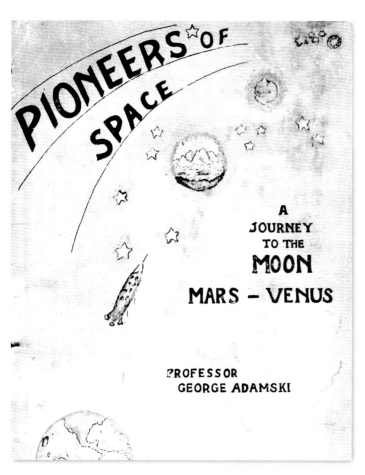

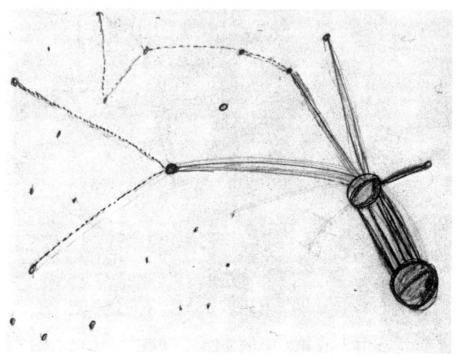

对页图：得克萨斯州的一名学生玛丽·艾伦·安德森（Mary Ellen Anderson）仰面凝视着战后美国建起的"飞碟观测站"。

左上图：乔治·亚当斯基与UFO上乘客的"真实"遭遇，基本上是照搬自几年前（1949年）他自行出版的一本科幻小说，内容几乎一字不差。

右上图：图为遭受不明飞行物绑架者贝蒂·希尔1961年绘制的星图，号称展示的是星际贸易路线。天文学家已证实，这一路线与任意随机选择的恒星区域皆可匹配。

有少数人确信自己曾与其中的乘客面对面。

被接触者……

1946年10月上旬的一个晚上，加利福尼亚一家汉堡店的老板正在观看猎户座流星雨。他惊讶地发现了"一个巨大的黑色物体，形状类似于一艘巨型飞船"，从邻近的帕洛玛山上空飞过，山上有当时全世界最大的一架望远镜。次年8月，他声称目睹了近200只飞碟飞过这座山。

乔治·亚当斯基（George Adamski）"教授"就此成了名人。他对于可能变成好事的事情向来下手飞快。一开始，他在那座山上经营一家"西藏"修道院，在禁酒时期，他却拿到了许可证，获准尽可能多地生产葡萄酒——都是出于"宗教目的"。禁酒令废除后，他转头跑去讲授天文学和东方哲学，以补给他靠在路边开

汉堡包摊挣来的那点钱。现在，带着对报道中来自外星的"飞碟"的好奇，他没有浪费半点时间，便见风使舵地一头扎进了这股潮流。

亚当斯基自称曾经拍摄过他目击的飞碟照片。他建立了一个"先进思想家俱乐部"，并广泛宣扬他观察到的飞碟。他撰写并自行出版了一本科幻小说《太空先驱者》（*Pioneers of Space*，1949年）。书中描写一小群冒险家建造了一艘火箭飞船，前去探索月球、火星和金星，并在那里遇到了这些星球上的居民。该书作为一部文学作品而言简直令人作呕，不过倒与这位教授后来的历险十分相似。

从1950年起，亚当斯基就一直在说，他有多希望能亲眼一见飞碟的主人。1952年，驾车在帕洛玛山以东的沙漠中行驶时，亚当斯基曾说看到过"一艘巨大的雪茄形银色飞船"。他确信那艘飞船是来找他的，便一路追了下去。

大飞船飞走了，却留下了一艘小型"侦察飞船"。亚当斯基煞费苦心，拍下了这艘飞船的若干照片。他往前一看，惊讶地发现有一个人站在附近。亚当斯基马上就知道，这是"一个来自太空的人——来自另一个世界的人类"！

亚当斯基光是凭借打手势，居然就能弄明白这位客人是从金星上来的，造访的原因是金星人民对核测试的辐射泄漏到太空中感到担忧。这艘小型侦察飞船是在体积更庞大的"母舰"上搭载的几艘之一。来自金星的访客并不是唯一对地球事务感兴趣的人。造访地球的飞碟不仅来自太阳系的其他行星，也来自围绕其他恒星运转的行星。金星人给亚当斯基讲了许多事情，包括金星人的宗教信仰，包括一些金星人已经出没在人类城市的街道中了，还包括有些飞碟已经坠毁，有些则是被击落。这么多

信息，通通在一个小时内就说完了，光靠比画就行。

再度接触过几次金星人，并且又举办了若干照片交流会后，亚当斯基与英国电影制作人、作家德斯蒙德·莱斯利（Desmond Leslie）联手，撰写了《飞碟登陆》（Flying Saucers Have Landed，1953 年），立刻成了畅销书。该书或许对于仅一年后由莱斯利编剧的影片《来自金星的陌生人》（Stranger from Venus）颇有些影响，这部影片算是 1951 年那部《地球停转之日》（The Day the Earth Stood Still）的拙劣翻拍，甚至还起用了其中一位明星：帕特里夏·尼尔（Patricia Neal），她必定产生了超越尘世的似曾相识之感。无疑，在亚当斯基的书和莱斯利的电影里，《地球停转之日》的出品人肯定也能发现一些似曾相识的地方。莱斯利的电影和

上图：图中所示是来自金星的一位人形访客，他作为向导，带着乔治·亚当斯基在金星上游览了一番。如今我们已经知道，金星是个地狱般的所在，有酸雨和熔炉般的高温，绝非适宜观光客前往的旅游目的地。

上图：亚当斯基创造了"太空兄弟"的神话——理想化的人类（几乎无一例外都是金发白人）乘坐飞碟来到地球，其唯一的兴趣就是拯救地球，使之免于最终毁灭的命运，而这样的灭亡通常是由于核战所致。过去半个世纪以来，这一理念已演变得堪比初创宗教。

《飞碟登陆》中大多数关于金星人的描述都是相似的，包括他们对地球事务基本出于善意的关心，这很可能并不是巧合。

只有最死心塌地的信徒才会对亚当斯基的故事信以为真，其他人都认为他们脆弱的谎言一戳就穿。亚当斯基的目击报告中，尤其可疑的地方在于，他所遇到的外星人，还有他们的外表、哲学以及对自己星球的描述，几乎和亚当斯基首次"遭遇"外星人之前将近三年，他那部处女作里写的一模一样。他在小说中唯一没有提及的内容，就只有飞碟和外星人造访地球了。

最终，大家发现亚当斯基是个骗子，他的飞碟照片也是假的，但此时危害已经造成。其他"接触者"们也开始报道自己的亲身经历，每当谈及"太空兄弟"的长相、他们来自何方

（金星明显颇受大家青睐），以及带给地球人民的弥赛亚式的信息，这些人往往就会步亚当斯基的后尘。

由此肇始的便是飞碟历史学家柯蒂斯·皮布尔斯（Curtis Peebles）所谓的"接触者神话"。根据皮布尔斯的说法，飞碟接触者通常会遵循表面上与初创的宗教类似的一种行为事项。皮布尔斯指出，其中某些人是由外星人亲手挑选出来进行接触的，其方式可以是面对面的交流，也可以是心灵感应。有时被接触者会被带到飞碟上去。而那些真正的幸运儿会被招待前往太阳系，享受一次有向导陪同的旅程。几乎无一例外的是，外星人都来自理想的乌托邦，那里没有战争、饥饿和疾病。"太空兄弟"和"太空姐妹"不约而同地都是人形，身材高大，面目俊美，头发飘逸，几乎无一例外地都是高加

我一直耐心地等待着，直到他们从他们的星球前来造访。我听到他们说："不要呼唤我们，我们自会呼唤你。"
——玛琳·黛德丽[22]，1962 年

索人种。他们超乎一切的动机就是拯救人类免于自取灭亡。为了实现这一目标，他们向被接触者传递了和平与友爱的信息，并叮嘱他将这个好消息传遍全世界。

与此同时，神秘的"黑衣人"则意图阻止这一切的发生，并不惜一切手段（包括谋杀）来达到这一目的。

被绑架者……

跟被接触者相比，被绑架者的运气就要差上那么一点儿。可怜的被绑架者没能获得前往金星观光旅行的友好邀请，以便化身全人类的救世主，而是惨遭绑架，并受到粗暴的对待。他们的遭遇包括医学实验、探针、消除或植入记忆，甚至被迫怀孕，所有这些都使得被绑架者的经历远不如被接触者那样愉快。

将被绑架者所讲述的故事与被接触者区分开来，其差异之处基本就在于外星人本身。被接触者讲述的外星人几乎都是人类或人形生物，一般相貌俊美，身体格外完美无瑕；而被绑架者讲述的外星人的吸引力通常都远逊于此。这就是臭名昭著的"灰外星人"的由来，这出自世人所知的第一个也是最著名的绑架故事。这是一次值得详加叙述的事件，因为此后几乎每一起外星人绑架案都以此为原型。

1961 年 9 月 19 日到 20 日午夜之后的某个时间，贝蒂（Betty）和巴尼·希尔（Barney Hill）夫妇二人正驾车经过新罕布什尔州的白山（White Mountains），他们第一眼看到那东西的时候，还以为是夜空中一颗明亮的星。贝蒂感觉那道光仿佛正随车前行，便催促丈夫停车，她好用双筒望远镜仔细看看。巴尼停下车，走进一片能更清楚地看到那光芒的空地。借助望远镜，他能看到一个发光体内有人影正四下晃动。见他们注意到他，巴尼便疾奔回车内，驱车离开。逃跑途中，他们听到身后传来一阵蜂鸣声，随之而来的便是一阵困倦。再次听到那种哗哗响声时，他们已经身在先前看到 UFO 之处以南 56 千米（约 35 英里）的地方，对在此期间发生的一切毫无印象。

事件发生之后的几周，两人都感到持续的焦虑和不明的恐惧。例如，贝蒂确信他们曾经暴露在某种危险的辐射之下。在读过前海军少校唐纳德·奇霍（Major Donald Keyhoe）的书《飞碟阴谋》（*The Flying Saucer Conspiracy*，1955 年）后，贝蒂开始相信，外星人把他们夫妇带进自己乘坐的宇宙飞船、在他们身上进行了医学实验的梦根本就不是梦；相反，这是一次印象模糊的真实事件。

在事后记载他们这次事件的一名记者的敦促下，希尔夫妇终于向波士顿精神病学家、神经学家本杰明·西蒙博士（Dr. Benjamin Simon）寻求了专业帮助。

在他们最初的遭遇过去三年之后，西蒙开始为二人进行催眠记忆回归，在治疗期间，这对夫妇讲述了一段与他们的梦境完全相同的经历，以及对自身奇怪遭遇的少许记忆。他们告诉西蒙博士的情况比他们自己预想的要详细得多，也恐怖得多。据贝蒂说，9 月 20 日凌晨，她和巴尼在一条偏僻小径上，被十几名外星人

对页图：20 世纪 50 年代的 UFO 热反映在数以百计的消费品中，包括图中这一产于 1952 年的塑料模型套件，也是有史以来的首个飞碟套件。在声名狼藉的电影《外星第九号计划》（*Plan 9 From Outer Space*，1959 年）中得以突出展现。

我认为更有可能的是，有关飞碟的报道是地球智慧生命已知的非理性特征所致，而非外星智慧生命未知的理性活动。
——理查德·费曼 [23]

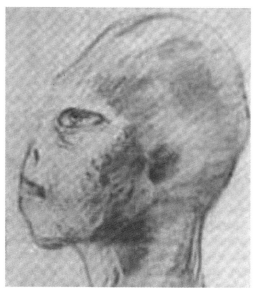

挡住了去路。他们身高略超过 1.5 米（约 5 英尺），没有耳朵，嘴如裂缝，小小的鼻子和猫一样的大眼睛看似包在头部侧面。他们的脑袋大大的，越往下越窄，长着一副尖尖的下巴。这些外星人把希尔夫妇带到停靠在附近的一艘宇宙飞船上，然后将二人分别带进不同的房间，剥去衣物，放到检查台上。贝蒂的肚脐里插进了一根针，而巴尼则被在腹股沟处放置了一种类似杯状的器械，后来，他身上沿这一区域长出了一圈疣体。为了回答贝蒂的问题，其中一

对页上图：尽管已有先例，但在 1961 年贝蒂和巴尼·希尔夫妇（见图）遭遇不明飞行物之后，随之掀起的全球性宣传风潮形成了现代"绑架者"文化。

对页下图左、中、右：据称绑架了贝蒂和巴尼·希尔的外星人画像令当今所谓"灰外星人"的概念深入人心。就在希尔夫妇描述外星人的外貌之前没多久，有档颇受欢迎的电视节目《迷离档案》（Outer Limits）描述了几乎一模一样的外星人形象，这可能并非巧合。最左边这幅画是由巴尼·希尔在催眠状态下完成的，另外两幅则是由催眠师大卫·贝克（David Baker）依照希尔的描述所画。

右图：亚当斯基号称拍摄于 1952 年的这张不明飞行物照片在全世界广为流传。后来大家才发现，所谓的不明飞行物其实是用一盏汽油灯的零件做成的。

个外星人给她看了一张星图，她看到了一本写满奇形怪状文字的书。

贝蒂回到车里时，看到巴尼已经一脸茫然地等在那里了。巴尼的故事几乎每一个细节都跟他妻子说的一样，但这并不算奇怪。毕竟在与西蒙博士会面之前，他们俩已经有好几年时间一起讨论二人做过的这个梦了，贝蒂还养成了一个爱好，就是阅读她能找到的每一本关于 UFO 的书。

贝蒂认真地指出，除了她和丈夫的记忆之外，还有其他证据可以佐证他们的经历。例如，遇到外星人之后，她在汽车后备厢里发现了 12 个"闪亮的圆圈"。贝蒂认为这些圆圈可能具有放射性，所以她拿了一个指南针在它们上方扫过。在贝蒂进行这一测试时，罗盘指针游移不定，证实了她的恐惧。她认为这些标记

是在他们听到背后奇怪的哔哔声时留下的。贝蒂说，她在一位物理学家的建议下用指南针做了这个测试，但这种做法肯定不对。罗盘只能探测磁场，而不能探测辐射。

贝蒂还给出了其他"证据"，这些所谓证据几乎全都是要么出于巧合，要么值得怀疑，但对 UFO 的信徒来说，最让他们感兴趣的是外星人给她看过的星图。

贝蒂凭着记忆重新绘制了这幅星图，并拿给业余天文学家玛乔丽·费希（Marjorie Fish）看过，她试图将贝蒂所画的点和线与已知恒星进行匹配。她确信自己在网罟座（Zeta Reticuli，又称泽塔双星）中找到了相同之处。

但其中存在诸多问题。任何模糊的点与线的随机组合都可以在星图上找到相匹配的地方，尤其是没有给定比例的情况下。并且，既

> 我的论点是，飞碟是真实存在的，它们是来自另一个太阳系的宇宙飞船。
> ——赫尔曼·奥伯特[24]，1954 年

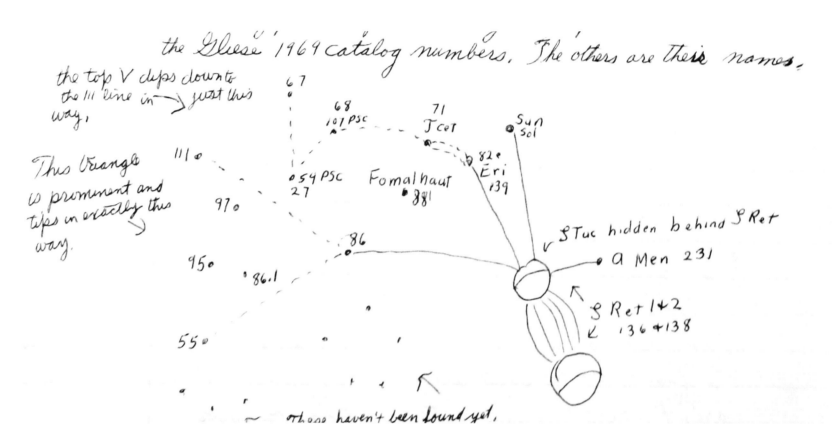

上图：身为学校教师的玛乔丽·费希（Marjorie Fish）试图将希尔的星图和已知的恒星进行匹配。天文学家们已经指出，费希不仅对她用于匹配的恒星进行了择优选择，而且发现这张星图可以适用于几乎任何一组恒星，甚至有人证明了它还能与新英格兰城镇的位置相匹配！

对页图：这张 UFO 照片摄于 1950 年的俄勒冈州麦克米诺维尔附近，是广为流传的不明飞行物照片之一。UFO 怀疑论者菲利普·克拉斯（Philip Klass）和罗伯特·拉弗（Robert Sheaffer）自称握有铁证，能够证明此照片纯属捏造，而 UFO 专家布鲁斯·马卡比（Bruce Maccabee）却不同意这种说法。

然星座构成的图案完全取决于观察者的位置，那为什么外星人使用的星图中显示的恒星系统竟会跟从地球角度上看起来的一样呢？从逻辑上来说，为什么他们非得依赖星图呢？怀疑论者指出了贝蒂故事中自相矛盾的地方（巴尼基本上是不管她说什么都会附和）。例如，外星人通过心灵感应与巴尼沟通，但与贝蒂交谈时却是操着英语，而贝蒂对外星人外貌的描述每一回也都不一样。

"灰外星人"的许多生理属性都可以追溯到根植于神话和民间传说中的形象、概念、事件、特征和身份。而对于性与人类生殖那耸人听闻的痴迷（这在希尔夫妇的经历中是一个关键要素）也同样如此，并且在此后大多数外星人绑架事件中也仍处于核心地位。

"那些自称从孩子的床边被带走，去照顾精灵孩子的女人都还活着。"牧师罗伯特·柯克（Robert Kirk）在《仙女的秘密联邦》（The Secret Commonwealth of Fairies，1692 年）中这样说道。卡尔·萨根在《魔鬼出没的世界》（The Demon-Haunted World，1995 年）中也写道，在古代的神话传说中，"外星人绑架的主要元素都早已存在，包括沉迷性事的非人类，他们住在空中，穿墙而过，用心灵感应沟通，还在人类身上进行繁殖实验"。在恳切地试着去理解这些已经被反复讲述了千万年的故事和信仰

左图：1942 年 2 月 24 日晚，即美国加入第二次世界大战后不久，洛杉矶市民被夜空中的探照灯光和空中传来的密集轰炸声吓了一跳——《洛杉矶时报》的一名摄影师捕捉到了这一情景。目击者表示曾看到过神秘的光，他们认为那是敌机。无人确知那天晚上发生了什么，但是 UFO 的支持者相信，军方所看到的实际上就是飞碟。

之后，萨根问道："除了基于共同的大脑回路和化学反应产生的集体错觉之外，还有什么其他真实的可能性吗？"

在希尔夫妇的遭遇以及后来发生的多起事件中，"失去的时间"概念都是一项重要特征，也同样可以在民间传说和神话中找到根源。在被仙人拐走的那些童话故事中，被拐的人也往往以为只过了几小时或几天的时间，结果却发现自己已经失踪一年或更久了。

根据传说，人类与仙人的遭遇也有其生理和心理上的副作用，并非所有这些副作用都是愉悦的。在仙人传说中，有过被拐走的人出现幻觉、精神错乱、失去一只眼睛以及出现皮肤问题的情况。人们立刻会想到巴尼长出的那一圈疱体，也让人联想起在树林和牧场里经常出现的"仙人环"。

科幻小说、民间传说和方兴未艾的不明飞行物神话，加上冷战带来的恐惧、原子弹、当时的各种内乱和种族动荡，更不用说希尔夫妇尤其是贝蒂的心理状态，都被带有暗示性的催眠疗程加剧强化了，他们身上植入的"记忆"与挖掘出的部分似乎分量相当。上述种种因素或许已足以解释这次具有重大意义的外星人"邂逅"事件。

尽管在细节上有所不同，但在希尔夫妇历险记发生后的半个世纪中，大多数关于外星人绑架事件的叙述都遵循着一种熟悉的模式——世界各地有成千上万起这样的报道。大多数情况下，最常见的描述是被带上飞船、除去衣物、手术室和侵入性医疗程序。有若干小时的时间断档、记忆空白、神秘伤势、植入设备、困惑迷茫和医学／生殖问题。甚至有一些受害者报告遭受多次绑架，性事是一个普遍的主题。他们受到的检查和探测几乎都与性有关，或者会被收集卵子或精子，或者会被迫与其他囚犯甚至绑架他们的外星人本身发生性关系。

许多不明飞行物的信徒认为这些故事很有说服力，但我们对此应当作何理解呢？受害者似乎都是态度真切的，而且一般都会被自己的经历深深打动。但这仅仅意味着他们本人相信自己故事的真实性，却并不等同于故事本身属实。这就是为什么那么多被绑架者能通过测谎测试的原因：只有当测试对象知道自己在撒谎时，这些测试才会奏效。

另一个问题在于，在报道过的成千上万起外星人绑架事件中，几乎没有什么确凿的证据可以作此证明。甚至在受害者获准在飞船周围随意游逛的情况下，也没人在逃脱时设法带走过哪怕一丁点历险纪念品。事实上，经常提及的一点是他们如何被明令禁止，不得带走任何能证实他们经历的证物。那么他们身体上的证据又作何解释呢：那些伤疤、切口、瘀伤、疣体和其他各类痕迹？这些都不能作为遭遇外星人的证据。我们还必须考虑到这一事实，即外星访客所提供的大量所谓"科学"，诸如天文学、生物学、物理学等，简直纯属胡说八道。例如，当人类被带到太阳系内其他行星上时，他们描述中所见的世界与我们已知的环境完全不同，比如说金星气候温和，如同伊甸园一样，或是说月亮被森林所覆盖。如果这些故事在科学上不正确的话，那么它们的起源何来？又是如何嵌入我们的神话里的呢？

带往金星

"洛桑伦巴"（Lobsang Rampa）——英国作家、神秘学家西里尔·哈斯金（Cyril Hoskin）的笔名，据说是被一艘宇宙飞船带到金星上的，参见他那本书名贴切的书——《我的金星之旅》（My Visit to Venus，1957 年）。在金星上，他目睹了"神仙之城直插云霄，庞大的建筑美轮美奂，形态之精致几乎令人难以置信。巍峨塔尖，球状圆顶，高楼间蛛网一般延展的桥梁流光溢彩，闪烁着红、蓝、紫、金色的鲜艳光芒。然而奇怪的是，看不到阳光，整个世界都笼罩在云翳之中。我们飞掠过一座座城市时，我环顾四周，只觉整个大气层似乎光华内蕴，天空中的一切都在发光，没有影子，也看不到中心光源。似乎整个云层都在不知不觉地均匀放光，我从不敢相信这世上竟有如斯光芒，纯粹而澄净……最后，我们离开了城市，来到一片泛着美丽波光的湛蓝海洋，海面上有一些小船……"

因为金星表面温度高达 370 摄氏度（700 华氏度），而且还下硫酸雨，所以现代大多数被绑架者都将外星历险的地点放在了太阳系以外的行星上，从而避免了这一问题。

A STARTLING ANNOUNCEMENT!

T. LOBSANG RAMPA

For years noted Lama T. Lobsang Rampa has written many books about hidden Tibetan secrets.

NOW AT LAST HE REVEALS HIS STARTLING VISITS WITH THE SPACE PEOPLE IN A NEW BOOK!

"MY VISIT TO VENUS"

by T. Lobsang Rampa

This *revised* and *approved* edition is offered to FATE readers at only $2.00 postpaid. All royalty profits go to the Save A Cat League at author's request.

飞碟组照

　　自从肯尼斯·阿诺德点燃了飞碟热潮之后，70多年以来，出现过成百上千张展示外星宇宙飞船的照片。大多数照片最后都被发现要么是骗局，要么是错看了的飞机或自然现象，极少数照片则很难进行分析。有一件事情可以肯定——这些照片强烈地吸引了我们的想象和恐惧。

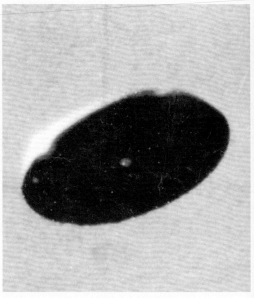

上图：一张富于冲击力的 UFO 彩色照片，目击于威斯康星州的潘提德湖（Painted Lake）上空。

左图：这张著名的照片拍摄的是在西西里岛的一个小镇上空盘旋的 UFO，自 20 世纪 60 年代初首次公开以来，尽管被认作明显的骗局，此照片仍一直广为流传。

左上图：1963 年，总部位于美国洛杉矶的联合飞碟俱乐部（Amalgamated Flying Saucer Clubs）发布了这张照片，据称是由俱乐部的一个成员拍摄的。这张照片清晰度过高，疑似是精心捏造的。

右上图：1965 年，在加州的圣塔安娜（Santa Ana）附近，高速公路检查员雷克斯·海弗林（Rex Heflin）拍摄了几张这个 UFO 的照片。不幸的是，现代照片分析显示，飞碟是假的。

左下图：20 世纪 60 年代早期，这一经典的不明飞行物出现在巴西上空。

右下图：新墨西哥州州立大学地质学专业的一名学生号称，自己在 1967 年拍摄陆相层时，拍到了这张球形 UFO 的照片。

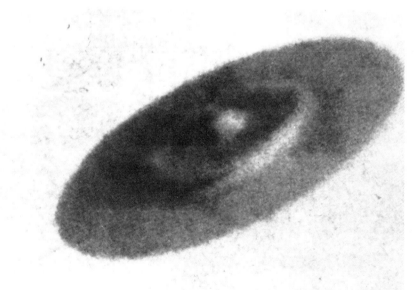

07

民间传说和早期科幻小说中的外星人

对页图：1901 年，澳大利亚艺术家弗兰克·南基维尔（Frank Nankivell）为《恶作剧》（Puck）杂志创作了这幅政治漫画，主题是一位光彩照人、令人瞩目的火星使者访问华盛顿特区。尽管这幅作品力图采用幽默的表现形式，但他笔下或多或少与人类相似的火星人仍然符合当时大众的观念。

人们一度认为，生活在其他星球上的外星人与地球上的人类并没有什么特别的差异。正如我们所知，最早那些涉及前往外星旅行或外星人造访地球的故事中，几乎无一例外地都将它们描述为与人类极其相似的生物，而且常常还是"超人"。

很明显，总体而言，第一批描写来自其他星球的外星人的写作者，对于科学准确性甚至是科学猜想都无甚兴趣，相比之下，他们真正关注的是借助小说中虚构的外星人，将其作为一面镜子，映照出人类生活和社会面貌，而大多数前往其他星球旅行的故事更是意在讽刺。最早的例子之一是《小巨人》（Micromégas），这是法国哲学家、讽刺作家伏尔泰发表于 1752 年的一部短篇小说。小说书名中的这位小巨人是一位来到地球的天外来客，来自围绕小天狼星运转的一颗行星。由于他的母星比地球大 2160 万倍，小巨人的身高也就令人印象深刻，高达 37 千米（约 23 英里）。在前来地球的路上，他在土星上稍事停留，捎上了一个相对来说算是侏儒的同伴，他的身高只有 1.6 千米（约 1 英里）。虽然描写外星人访问地球的目的，在于让伏尔泰得以用讽刺的眼光来审

视世俗政治、社会和道德观念［后来的《格列佛游记》（Gulliver's Travels）也是如此］，但《小巨人》确实提出了一个颇有先见之明的观点：外星生命可能与我们自己大相径庭，以至于我们甚至有可能相见而不相识。例如，小巨人和他那同伴的身材就庞大至极，以至于包括人类在内，大多数地球生物的体形在他们眼里都太小了，所以根本就看不见。他们由此得出的结论是，地球上其实没有生命。

虽然大部分作家都或多或少地描写过生活在月球和各行星上的类人生命，但也有少数例外。例如，在塞缪尔·布伦特船长（Captain Samuel Brunt）的《卡克洛佳利尼亚之旅》（A Voyage to Cacklogallinia，1727 年）一书中，主人公就是被卡克洛佳利尼亚的居民们带到月球上去的，这些居民是一群具有智慧的巨鸡。

它们长什么样？

从 19 世纪末到 20 世纪，大多数作家都认为，外星人至少应该长得像人。即使是在赫伯特·乔治·威尔斯那冷血的火星章鱼的描写让读者为之骇然后，诸如乔治·格里菲斯这样的作家，在讲述太阳系旅行的《太空蜜月》（1901

一圈火焰自空中飞来，寂静无声；一根杆与其体同长，一根杆则较宽。数日之后，这些东西越来越多不胜数，比太阳的光辉更加耀眼。

——引自一张莎草纸上记载的古埃及象形文字，可追溯到图特摩斯三世统治时期（Thutmose III，公元前 1504—前 1450）

年）中，也能把金星人、火星人和盖尼米得星人写得都跟从标准人类模子里刻出来似的，只是大同小异罢了。同样，珀西·格里格（Percy Greg）的《黄道十二宫》（Across the Zodiac，1880 年）、罗伯特·克罗米（Robert Cromie）的《太空冒险》（A Plunge into Space，1890 年）、约翰·芒罗（John Munro）的《金星之旅》（A Trip to Venus，1897 年）和芬顿·阿什的《火星之旅》（1909 年）都曾设想过，这些行星上居住着纯属人类的生物，尽管有时会被理想化到与天使几乎无法分辨的地步。

与此同时，其他作家又为现代典型的外星人形象奠定了基础：著名的"灰外星人"身材矮小，一般皮肤呈灰色，四肢纤细，脑袋凸出，眼睛硕大。这副如今已为人熟知的外星人原型最早出现在 1865 年的小说《火星居民》（法文原名 Un Habitant de la Planète Mars，英译名 An Inhabitant of the Planet Mars）中，该书由年轻的法国科学编辑、记者亨利·德帕维尔（Henri de Parville，弗朗索瓦·亨利·帕维尔 François Henri Peudefer 的笔名）撰写。在这部小说中，一具火星人的遗骸被偶然发现了，嵌在一块古老的陨石中。这具干尸与今天许多人声称看到的外星人有着惊人的相似之处。

赫伯特·乔治·威尔斯在《月球上的第一批人》（The First Men in the Moon，1901 年）里描绘了月球上形如昆虫的居民，带有今天外星人的许多典型特征。威尔斯对典型的塞林耐特人（Selenite，希腊词根意为"月亮"）的描述中有一些熟悉的细节：

……微不足道的小东西，就是只蚂蚁，还不到 5 英尺高。他穿着皮革质地的衣服，所以真身没有哪一部分暴露在外，不过当然了，我们对此一无所知。如此一来，他在外表上看起来就是个长毛的小家伙，有着昆虫的许多特性，触手跟鞭子似的，闪闪发亮的圆柱形外壳上伸出铿锵作响的胳膊，脑袋藏在长满尖刺的硕大头盔之下，看不清形状，后来我们才发现，这些尖刺是他用来戳刺难以驾驭的月牛（mooncalf，一种假想的月球动物）的，他戴着一副黑乎乎的玻璃护目镜，歪到一旁，让遮住他脸的金属装置看起来有点像鸟儿一样。他的胳膊并没有超出身体的外壳，短短的腿虽然被包裹在温暖的罩子里，但是在我们地球人的眼睛看来，却显得异常脆弱。他们大腿较短，小腿较长，脚小小的。

片刻后，威尔斯笔下的主人公第一次看到了塞林耐特人的面孔，他的描写中出现了一些熟悉的特征，还简略地提到了令人不安的面貌特点：

没有鼻子，这家伙侧脸长着胀鼓鼓的呆滞眼睛——一开始刚看到轮廓的时候，我还以为那是耳朵呢。但并没有耳朵……

不过相比之下，更让人感兴趣的是大月人（Grand Lunar），这是一种统治着月球的巨型智慧生命。根据书中的描绘，大月人带有某种无法言喻的神秘，似乎能以具有穿透力的凝视令人动弹不得：

上图：亨利·德帕维尔于 1865 年出版的小说《火星居民》中发现的火星人化石。书中火星人的外貌——大圆脑袋，杏仁形大眼睛，细小的五官和看似脆弱的身体——成为现代"灰外星人"最早的原型之一。

右图：这是一幅具备智慧和神秘力量的外星人的现代图像，由美国艺术家史蒂芬·希克曼（Stephen Hickman）创作，图中的外星人被描绘得既具美感，又令人过目不忘。

不明飞行物现象确实存在，必须严肃对待。
——米哈伊尔·戈尔巴乔夫[25]，1990 年

起初，他似乎是一小团含光的云，隐隐笼罩在那昏暗的王座上；他那脑壳的直径必定宽达数码……一开始，当我向这团闪动的流光凝视时，这精粹的大脑看起来极似一个分辨不出面目的不透明气囊，模糊的汹涌起伏的幽灵盘旋着，正在其内翻滚缠绕。然后，就在这团巨大的东西下方，恰在王座的边缘上，我震惊地看见，细小的妖精一般的眼睛正从那团流光中往外窥探。没有脸，只有眼睛，仿佛是在透过洞口窥视一般。一开始，我别的什么也没看见，只看到这两只小眼睛正盯着我看，接着往下看去，我就辨认出了那侏儒一样矮小的身子，以及昆虫般一节一节的肢体，皱缩发白。那双眼睛俯视着我，带着一股奇怪的专注，这鼓胀球体的下半截也是皱皱巴巴的。看似无甚作用的小小触手将这形体固定在王座上。

阿尔努·加洛潘（Arnould Galopin）所著的《欧米茄博士》（Dr. Omega，1906 年）一书中，身为探险家的主角们发现的火星人里，包括了一种长着半球形脑袋、没有毛发的小矮人，比小孩子高不了多少。而在赫伯特·乔治·威尔斯的著作《火星住客》（The Things That Live on Mars，1908 年）中，W.R. 利（W. R. Leigh）为他创作了迷人的插画，描绘了生有羽毛、长有翅膀的火星人，还有硕大的圆脑袋、碟形的大眼睛和细长的四肢。加勒特·塞维斯（Garrett Serviss）在其作品《爱迪生征服火星》（Edison's Conquest of Mars，1898 年）中，

对页图：左上起顺时针，1940 年出版的《超世界》（Superworld）漫画只出过三版，其中封面作品由弗兰克·保罗创作，他是首位专注于科幻小说的插画家，也是自 20 世纪 20 年代科幻小说低俗杂志出现以来的行业内资深老手。《危险操作》（Operation Peril）问世于 1951 年，反映了突飞猛进的飞碟热的方方面面，就连成群的暴眼外星人也在其中。美国艺术家巴兹尔·伍尔弗顿（Basil Wolverton）终其一生都在创作奇异的生物，画中这饥肠辘辘的一大团出现在《惊奇神秘滑稽连环画》（Amazing Mystery Funnies）上，尚且还算不上他笔下最诡异的形象。《失落星球机器人》（Robotmen of the Lost Planet，1952 年）中的同名机器人与当时流行的橡胶"减压"玩偶极为相似，在受到挤压时，眼睛和耳朵就会突然冒出来。

最左图：在《月球上的第一批人》（1901 年）中，赫伯特·乔治·威尔斯笔下的一名宇航员发现自己成了酷似昆虫的塞林耐特人的俘虏。在第一版这幅由克劳德·谢普斯（Claude Shepperson）创作的插图中，我们可以看到他们鼓鼓囊囊的脑袋和细长的身体——这也是今天外星人的部分特征。

左图：另一个早期的虚构人物发现自己被欺负了，这一回是火星人干的。《欧米茄博士》一书中的同名主人公发现了一个十分矮小的种族，这是今日外星生命概念的另一原型：小家伙们长着孩童般的身体、大眼睛和没有毛发的脑袋。这幅插图出自 1949 年版，由拉皮诺（Rapeno）所绘。

漫画书中的外星人

漫画书有着悠久的科幻题材历史，在过去的七八十年间，都以外星人为主题。大多数情况下，这些都是在跟风各种低俗杂志，上面的外星人长得跟人类差不多，唯一的区别就是给涂成了绿色或蓝色，额头上长出了突变的触角，偶尔还会多长出一对胳膊腿。就像那些低俗作品里描写的一样，外星人越是邪恶，它的长相看起来就越是恐怖。另外，那些心地仁慈的外星人，从超人到火星上的拉尔斯（Lars of Mars），不仅无一例外都是人类，而且还被创作者画得尽可能俊美。画得真正富有想象力的外星人极其罕见，但孩子们似乎从来都不在乎这个。

关于 UFO 的存在已经积累了众多证据，让人难以驳斥，我接受它们存在的事实。

——皇家空军上将道丁勋爵（Lord Dowding），1954 年

也描绘了火星人的形象，也算是为日渐增多的"典型"外星人形象添砖加瓦了。他笔下的火星人圆溜溜的脑袋上没有毛发，眼睛鼓起、骨瘦如柴，他们与现今"小绿人"的唯一差别就在于，身高足有 4.5 米（约 15 英尺）。

《未知危险》（原名 Den Okända Faran，英译名 The Unknown Danger，1933 年）的相关度尤其明显，因为这本小说在年代上最接近于我们现在，作者是瑞典小说家加布里埃尔·林德（Gabriel Linde）。按照书中的形容，其中一个外星种族"非常矮小，比一般的日本人还矮，光秃秃的大脑袋，结实的方额头，小小的鼻子

和嘴，薄薄的下巴。他们身上最特别的地方是眼睛——大大的黑眼睛，闪闪发亮，目光锐利。他们穿的衣服用柔软的灰色织物制成，四肢似乎与人类没什么两样"。

在一定程度上，现代对外星人相貌的揣测可以部分追溯到这类故事上去。神话和民间传说同样也赋予过我们灵感。事实上，地球上的每种文化都有版本不一的棕仙、妖精或仙女故事，它们都有一个共同点：都是形似人类、体形较小甚至微不可见的生灵。罗伯特·柯克在《仙女的秘密联邦》一书中写道，有一种微小的生物有着"变幻自如的轻盈身体……某种程度上有点像是浓缩的云，在黄昏时尤为显眼"（讽刺的是，柯克走过一个"仙女的坟堆"之后，就在该书出版的同一年去世）。事实上，许多 UFO 专家都严肃地认为，"灰外星人"和仙女实际上是同一种生物。更有甚者，在 BBC 电视台制作的《火星人地球大袭击》（Quatermass and the Pit，1958—1959 年）——后来拍摄成电影《一千万年到地球》（Ten Million Years to Earth，1967 年）——节目中，甚至提出棕仙和妖精实际上只是关于人类起源的嵌入式种族记忆，即身为火星上的奴族，受主族统治，主族就是具有超自然力量的智慧昆虫。

民间传说的其他方面可能对现代 UFO 现象也有影响。例如，贝蒂和巴尼·希尔夫妇遭遇外星人的许多细节与那些并非自愿参观童话世界的人讲述的故事十分雷同。在那些传说中，被绑架的受害者也未曾获准携带纪念品回家。问世于 15 世纪的《博基尔的伟大日程》（原名

左图：加勒特·塞维斯的非凡之作《爱迪生征服火星》（1898 年）中的插图，描绘了一个长着光溜溜的大脑袋、胀鼓鼓的眼睛、细长身子的火星人。这样的图画无疑有助于今日外星人形象标准模式的形成。

对页图：《我最喜欢的火星人》（My Favorite Martian）是 20 世纪 60 年代最受欢迎的电视连续剧。雷·沃尔斯顿（Ray Walston，右）扮演了"火星叔叔马丁"，这是一个明显接近人类形象的火星人，他的飞船在地球上坠毁，让他受困于此。图中，他正指导侄子安德洛密达（Andromeda，韦恩·斯坦姆饰）在火星上的正确行为规范。

生命不是奇迹，而是一种自然现象，只要有一颗行星的条件与地球相同，生命就会出现。

——哈罗德·尤里[26]，1952 年

目前还没有证据表明，这些被归类为"不明飞行物"的目击事件确属外星运载装置。

——美国空军官方声明，1969 年

Le Grant Kalendrier Bergiers，英 译 名 The Great Calendar of Bergiers，1496 年）一书中，便可见关于被恶魔俘虏的人类的绘画，卡尔·萨根在《魔鬼出没的世界》中也指出，遭遇外星人的故事与中世纪恶魔侵袭的描述有着众多惊人的相似之处。

还有一种传统，即对遥远未来的人类进行形象化的各种尝试也与外星人的描述有显著的相似之处。1891 年，英国人肯尼斯·福林斯比（Kenneth Folingsby）出版了《梅达：未来故事》（Meda: A Tale of the Future），根据书中的描述，人类已经进化成了"长着像热气球一样的脑袋的小灰人"。这可能启发了威尔斯，让他在 1893 年的作品《百万年的人》（The Man of the Year Million）中如此描述进化后的人类：

公元 100 万年的人用不着再费劲使唤用人，让他们把东西放在盘子里端上来，供他咀嚼、吞咽和消化。他将沐浴在琥珀色的液体中，这种液体就是纯粹的食物，通过皮肤毛孔吸收，不会产生废物。他的嘴会缩成一朵玫瑰花蕾，牙齿会消失，鼻子会不见——即便如今，人类的鼻子也没有未开化时期那么大。耳朵也会无影无踪，其实现在，跟原先相比，耳朵就已经叠起来了，只剩下一点迅速消失的小小尖端，表明千百年前，它们还伸得长长的，能前后转动，用来捕捉接近的敌人发出的声音。但大脑却在变大，因为他们信奉大脑和作为灵魂之窗的大眼睛。

20 世纪 30 年代早期，法国天文学家、艺

术家吕西安·吕都（Lucien Rudaux）发表了一篇文章，试图描述他心目中未来的人类可能的模样。结果他形容出来的是个小家伙，四肢细长，胀鼓鼓的大脑袋上没有毛发，大眼睛，巴掌脸。

1939 年，大胆鲁莽的古生物学家罗伊·查普曼·安德鲁斯（Roy Chapman Andrews）（很可能正是印第安纳·琼斯的原型）在杂志上发表了一篇文章，题为《公元 50 万年我们会是什么模样》，他在文中提到了美国人类学家哈里·夏皮罗博士（Dr. Harry Shapiro）提出的一些想法，"夏皮罗博士认为我们假想中的未来人类脑袋不仅会更大，而且会更圆……"安德鲁斯继续写道，"他还认为，我们的眉毛会变得更为平滑，相比于今天的普遍情况而言，眼眶上方的眉骨也不会再这么凸出……"除此之外，夏皮罗还"深信腐蚀、错位的牙齿以及拥挤压迫……预示着人类的脸、下腭和

左图：赫伯特·乔治·威尔斯设想中人类未来的模样，缩到只剩一个巨大的头颅，配上基本的五官、身体和四肢。这还只是众多例证中的一例，说明人们在智力超群的生物与大脑发达、身体萎缩之间画上了等号。

对页左图：20 世纪 30 年代初，法国艺术家、科学家吕西安·吕都在发表他关于未来人类的概念时，重申了大脑支配身体的观点。

对页右图：1939 年，罗伊·查普曼·安德鲁斯和哈里·夏皮罗发表了关于未来进化后的人类概念（见下图）。这一形象与好莱坞电影中的好些外星人都无甚区别。

漫画里的第一个外星人

斯盖凯克先生（Mr. Skygack）是一名火星人，他通过陨石抵达地球，前来研究"地球人的方方面面"。他首次崭露头角是在1912年的芝加哥《日志》（The Day Book）上，尽管早在1907年，他就已经在其他刊物上出现过。《日志》的工作人员、漫画家孔多（A. D. Condo）创造了斯盖凯克这个人物，部分原因是为了获得一个机会来评论和讽刺当时的种种社会规范，这也是《日志》当时的目标之一。在许多这样的漫画中，主人公记录下对于地球生活的天真印象，我们得以通过火星人的视角来看待这个世界。我们不妨借用这幅漫画的副标题，"他作为一名特别的记者来到地球，在笔记本上进行无线观测"。

在斯盖凯克先生的启发之下，出现了最早期的为科幻小说设计外星人服装的尝试。1908年，辛辛那提市的威廉·菲尔（William Fell）装扮成斯盖凯克先生，出席了在溜冰场上举办的一场化装舞会。之后在1910年，华盛顿州塔科马市的一名年轻女子也自行制作了一件斯盖凯克服装，穿到化装舞会上去（并在舞会上赢得了一等奖）。

MR. SKYGACK FROM MARS

FOUND PECULIAR WHEEL-BIN MAKING BACK-DOOR EXCURSION —— FROM EVERY STOP-PLACE CARRIED AWAY SMELL RECEPTACLES FULL OF FOOD-PIECES —— EVIDENTLY A WISE EARTH-METHOD FOR STOCKING AN EAT-STORAGE AGAINST FAMINE-SEASON.

GARBAGE 271

对页图：在20世纪30年代至50年代所写的小说中，科幻小说作家爱德华·艾默·史密斯创造了大量讨人喜欢的外星人形象。然而，尽管对它们外表的想象或许看起来天马行空，但它们的思考和行为方式却很少像个真正的外星人，也未具备外星人的观念和动机。相反，它们看起来更像是穿着奇装异服的人类。

牙齿会变得更小，我们也不会再长'智齿'和侧门牙"。

未来的人类身上也不会有毛发，无论男女。"这是真的，"安德鲁斯补充道，"在高度文明的人类种族中，秃顶现象的出现要比在原始人类中更为常见。"

20世纪50年代之前，人们可以找到无数的例证，其中未来人类已经进化成为躯体瘦小且往往很脆弱的生物，有着细长的四肢、通常没有毛发的大脑袋、大大的眼睛和细小的五官。也许在我们心目中，早已习惯把这样的生灵以及一般的外星人（我们相信它们无论是在精神上、生理上还是社会结构上，都比我们人类要先进千万年）与想象中未来人类根深蒂固的形象联系起来了。

异形外星人

或许除了威尔斯恶毒的火星人之外，不管外星人被描绘得多么奇形怪状，它们的思想却总是跟人类差不多。除了极少数例外，好莱坞至今仍固执地秉承着这一想法。即使是那些最优秀的现代作家，也很难构思或表达出真正的外星思想。例如，美国科幻作家爱德华·艾默·史密斯（Edward Elmer Smith）为他的经典之作《透镜人》系列（Lensman，1948—1954年）创作了一些真正奇异的外星人，但它们仍然个个都像人类一样思考和说话。在另一位美国科幻作家哈尔·克莱蒙特（Hal Clement）的《重力使命》（Mission of Gravity，1953年）中，不同寻常的"主角"巴伦南（Barlennan）是只有感知的呼吸甲烷的毛毛虫，

我的看法是，认为在整个宇宙中，大自然没有在其余任何一处重复它在地球上进行的奇怪实验，那将是一个相当轻率的假设。
——哈罗·沙普利[27]，1928年

火星人不是一只鸟，真的。它甚至根本不像鸟，只有乍看之下才会这么认为。
——斯坦利·温鲍姆[28]，1934 年

生活在一颗引力极高的星球上。这个故事是以第一人称讲述的，没有对这生物进行生理上的描述，读者们几乎没有什么理由怀疑，这个故事不是由人讲述的。

尽管威尔斯为对外星生命的逼真认知方式的根本性变化打下了基础，但真正首次创作出异形外星人的，还是年轻的美国作家斯坦利·温鲍姆的短篇小说《火星奥德赛》（*A Martian Odyssey*，1934 年）。就像之前的许多作家在描述外星生物时所做的那样，温鲍姆创作出了一种鸵鸟般的火星智慧生命：忒尔（Tweel），它是所处环境中符合自然规律的产物。但他对于这一概念的理解比任何前人都更

深入一步：忒尔思考的方式也是外星人才会有的。温鲍姆对科幻小说以及影响我们对外星生命的整体印象做出的独特贡献在于，认为外星人应当是在外星上的外星环境下由外星生物进化而来的产物。它应当具备外星特有的生物学现象和外星化的感官。这样的生物怎么可能像人类一样思考呢？事实上，温鲍姆提出了一种截然不同的可能性，即外星人可能与人类的差别相当之大，以至于它们无法与人类进行有效的交流。

简而言之，温鲍姆为科幻小说引入了两个全新的概念。在此之前，外星人多被描绘成人形，而且大多数情况下，它们在性格和智力

上图：美国科幻作家卡尔·克劳迪（Carl Claudy）的作品《火星神秘人》（*The Mystery Men of Mars*，1933 年）中，由瓦伦丁（A. C.Valentine）生动绘制出的许多非常有想象力的外星人是其一大特色。克劳迪是最早提出"非生物智能机器物种"概念的作家之一。

上图：尽管对类人外星人十分偏爱，但上百年来，科幻小说插画家们也在努力描绘出更不寻常和天马行空的外星人形象。

左图：在《其他行星上的人》（Men of Other Planets，1951年）一书中，美国艺术家克莱恩（R. T. Crane）绘制了金星上"会思考和说话的树"。

右图：1939年，英国科幻杂志《奇幻》（Fantasy）使用了德利金（S. R. Drigir）的一幅戏剧性的画作为封面，展示了巨型毛虫的入侵。

上或多或少也接近人类；又或者外星人被描绘成完全令人厌恶的怪物，它们唯一的愿望就是征服或者干脆彻底消灭智人。相反，温鲍姆则认为，外星人可能在每一个可认知的方面，无论在身体和精神上，都是完全非人类的，但既不恶，也不善，而是与人类迥然不同，导致人类根本无从理解它们的思想和动机。

除了《火星奥德赛》，温鲍姆还写过其他以貌似可信的外星生命形式为特色的故事，为科幻文学划出了一道分水岭。尽管如此，一位作家要想象出一个真正外星人的想法，却仍然不易。在长短篇科幻小说中，具备真正外星化的思考过程、动机、情感和逻辑的外星人仍属罕见。通常情况下，我们看到的仍然是外星环境下产生的虚构外星人，却仍然有着可以理解的甚至属于人类的思维过程。那些想写超人的作家也面临着类似的问题。一个人怎么可能想象得出一个比你聪明上千倍的人的想法呢？有史以来，很可能只有一位作家写出可信超人的尝试获得了成功：那就是英国科幻作家奥拉夫·斯塔普尔顿（Olaf Stapledon）在《怪约翰》（Odd John，1935年）中创造的人物——约翰·温赖特（John Wainwright）。有趣的是，在该书的早期封面上，约翰的形象与许多20世纪50年代据称曾访问过地球的"火星人"和"金星人"惊人地相似，或者至少在这一点

上，很接近 1955 年的影片《飞碟征空》(*This Island Earth*) 中的金属人 (Metalunans)。

科幻小说作家们虽然费尽周折，以渲染出真正外星化的思想，不过他们已然穷究了各种可认知的智慧生命形式的可能性。美国小说家肯德尔·福斯特·克罗森 (Kendall Foster Crossen) 在其作品《金星使者》(*The Ambassadors from Venus*, 1951 年) 中引入了智慧树。也许最令人不安的外星植物是法国作家菲利普·何塞·法默 (Philip José Farmer) 在 1951 年的同名小说《母亲》(*Mother*) 中所写的有部分知觉的"母亲"。在《索拉里斯星》(*Solaris*, 1961 年) 中，波兰科幻作家斯坦尼斯拉夫·莱姆描述了一颗行星，表面覆盖着一片具有智能的海洋。步温鲍姆的后尘，莱姆笔下的人类角色永远无法完全理解如此费解的外星生物，甚至也无法与其建立起有效接触。

其他虚构的外星人根本就不具备任何身体形态，它们可能作为一种隐形的存在潜伏着。比如英国科幻巨头阿瑟·克拉克 (Arthur Clarke) 的《2001：太空漫游》(*2001: A Space Odyssey*) 中的外星操纵者，又或者可能是以能量场形式存在的巨型智慧生命。弗雷德·霍伊尔 (Fred Hoyle) 的小说《黑云》(*The Black Cloud*, 1957 年) 中，一种如其书名的智能等离子云就飘浮在太阳系中，能够与人类以心灵感应的形式进行交流。

当然，科幻小说作家们已经远远超越了 19 世纪或好莱坞早期影片中描绘的人形外星人。只有最狂热的 UFO 信徒才会真的希望外星人与人类相似，更不用说地球上衍生出的其他任何可能的生命了。正如我们所知，在过去的三四十亿年间，地球本身就已产生过一些相当奇异的生命形式。

上图：斯坦利·库布里克的经典电影《2001：太空漫游》(1968 年) 中，我们从未正面目击过外星人。影片中只展示了它们对智人发展的影响和它们借以实现这一影响的装置：著名的巨石阵。这部电影的基本主题之一，正是无数科幻小说作家和 UFO 支持者已经探索过的内容：外星人对于指导人类历史的形成发挥了直接的作用。

对页图：许多科幻作家甚至放弃了拥有肉体的外星人这一想法，而是把它们描绘成纯粹的能量，甚至是思想本身的化身。在这幅图中，未来的太空探险者便遭遇了这样的存在，它们看似只不过是一团发光的能量云而已。

"灰外星人"原型组照

　　我们耳熟能详的"灰外星人"长着胀鼓鼓的头、大大的眼睛、细小的五官和矮小的身材，并非伴随着 UFO 现象的出现才突然蹦出来，一下子就已经羽翼丰满的。相反，它是来源于民间传说和科幻小说的长久传统的产物。

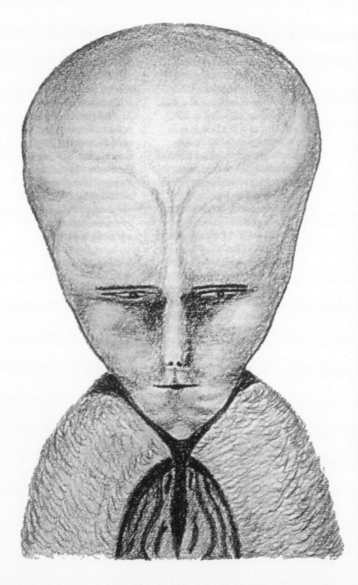

对页左下图：臭名昭著的神秘主义者阿莱斯特·克劳利（Aleister Crowley）于1916年绘成了这幅名为《兰姆》（LAM）的地外智慧生命的画作。

对页右下图：这张照片中所示是一名被俘的外星人，刊登于 20 世纪 50 年代的一本德国杂志上。后来被揭穿是一场骗局。

左下图：《X 星来客》（1951 年）中的离奇外星人显然是今日外星人原型的鼻祖。

右上图：加拿大童书作家埃莉诺·卡梅隆（Eleanor Cameron）创作的一系列可爱的儿童读物中，典型的"灰人"生活在蘑菇星球上，这套读物的第一本是 1954 年出版的《飞往蘑菇星球的奇幻之旅》（The Wonderful Flight to the Mushroom Planet）。

右下图：在影片《火星入侵者》（Invaders from Mars，1953 年）中，球形脑袋和萎缩躯干的概念堪称发展到了登峰造极的地步，图中这位火星智者已经缩除了一个脑袋就所剩无几了，只长了几根看似摆设的触手。

08

流行文化中的外星人

对页图：乔治·梅里爱的经典科幻电影《月球之旅》（1902 年）中的一幕。片中的外星人实际上是由法国杂技演员扮演的。

　　过去的一个世纪里，外星人不仅是电影中经久不衰的流行主题，也出现在了史上第一部科幻电影中。在法国导演乔治·梅里爱（Georges Méliès）拍摄于 1902 年的史诗巨作《月球之旅》（A Trip to the Moon）中，融会了儒勒·凡尔纳的作品《从地球到月球》（From the Earth to the Moon，1865 年）和赫伯特·乔治·威尔斯的《月球上的第一批人》（1901 年）。乔治·梅里爱的影片中，统治着月球王国的智慧昆虫正是出自后者。这些微小的生物由乔装的法国杂技演员扮演，袭击了梅里爱的探险家们，他们只好用手杖和雨伞来击退这些外星人。

　　梅里爱和其他导演，比如西班牙人塞冈多·德·乔蒙（Segundo de Chomón），还拍摄过其他关于外星人的电影。但这些电影尽管精彩，其滑稽的本质却使得它们属于卡通王国的范畴，其中，外星人出现更多是为了获得荒诞或喜剧效果，而非其他。此后还要再过几十年，电影制片人才开始尝试刻画现实主义的外星人形象，而且还算不上全心投入。

电影银幕上出现的外星人

　　第一部以造访地球的外星人为主角的电影，可能是《月球男寻妻记》（When the Man in the Moon Seeks a Wife，1908 年），片名已经精练地概括了这部片长 15 分钟的影片情节。

　　一个长相完全是人类的塞林耐特人发明了一种反重力气体，可以让他来地球旅行，好跟一个他通过望远镜看到的英国女孩相会。

　　拍摄于 1918 年的丹麦电影《火星之旅》（Himmelskibet）发行了英文版（A Trip to Mars），片中展示了一些令人印象深刻的特技效果，但是这些探险家发现的火星人显然是人类。1920 年上映的影片《阿高尔》（Algol）中，来自阿高尔星球的女性灵魂创造了一种机器，

Klaatu barada nikto。[29]
——克拉图（Klaatu），《地球停转之日》，1951 年

我想不出还能怎么形容——那是一张奇形怪状的恐怖的脸，正直勾勾地盯着我的眼睛！
——艾妮德·埃利奥特（Enid Elliott），《X 星来客》（*The Man From Planet X*），1951 年

左图：经典俄国电影《火星女王》（1929 年）主要是以火星为故事背景。尽管火星人的服装和建筑如同意料之中那般，看起来绝非现实中所有，但火星人却是如假包换的人类。

对页图：《风和日丽的一天》（1922 年）中，造访地球的那个虚无缥缈的"埃克"未必就是来自外星，却无疑是现代外星人的刻板印象中众多外貌特征的先驱，诸如脆弱的小身板、光秃秃的脑袋和硕大的眼睛。

可以影响到地球人的生命。阿高尔虽然不是具备实体的外星人，但仍然是最早出现在电影银幕上的星际访客之一。

《风和日丽的一天》（*One Glorious Day*）是1922 年一部相当罕见的无声电影，其中对"埃克"（Ek）的刻画值得特别关注。尽管故事情节将埃克描述为"一个并无实体的灵魂"，却可以看出他是今日声名狼藉的"灰外星人"的前身——大眼睛、小身子、没有毛发，并在史蒂芬·斯皮尔伯格（Steven Spielberg）的《第三类接触》（1977 年）中一举成名。埃克鸡蛋形的脑袋上甚至还长了根类似灯芯的天线。影

片中，尽管属于不完全精神性的生命体，埃克却又被描绘为生活在"宇宙边缘"，他从那里"冲进太空，途经一个个旋转的球体，扑向地球"。

1924 年，俄国导演雅科夫·普罗扎诺夫（Yakov Protazanov）上映了一部亲苏的史诗巨片《火星女王》（*Aelita*），故事在地球和火星上同步展开。就像《火星之旅》一样，影片并无表现真实外星种族的企图——尽管俄国先锋艺术家亚历山德拉·埃克斯特（Alexandra Exter）为火星人创作的服装令人印象深刻，且绝对不属于这个星球。《来自火星的人》（*The*

左图:《五十年后之世界》(1930 年)是一部音乐喜剧,故事发生在未来的 1980 年。片中讲述了去往火星的一次火箭飞船之旅,火星上那位长相跟人类毫无二致的女王露露(以及她的孪生姐妹布布)由美艳的乔伊泽尔·乔伊娜扮演。

对页图:传奇电影制片设计师威廉·卡梅隆·曼泽斯(William Cameron Menzies)执导了这部风格时髦的低成本影片《火星入侵者》(1953 年),主打噱头便是图中这位眼睛鼓起、穿着天鹅绒衣服的火星人。

Man from M.A.R.S.,1922 年)中也出现了人形火星人(起的名字都是"葡葡"和"晶晶"之类),但至少引入了"瞬移"的概念,作为太空旅行的一种工具。

《五十年后之世界》(Just Imagine,1930 年)是一部怪异的科幻音乐剧,类似于乔治·梅里爱的滑稽之作:一艘火箭在火星上着陆,发现了跟人类长得一模一样的火星人——尽管两位双胞胎女皇露露和布布同由令人惊叹的女星乔伊泽尔·乔伊娜(Joyzelle Joyner)扮演,还是足以值回票价。《巴克·罗杰斯》(Buck Rogers)和《飞侠哥顿》(Flash Gordon)虽分属不同的系列片,但出现在其中的外星人却完

全是一个模子里铸出来的。与此雷同的还有在此后的系列作品中出现的来自火星和其他星球的人,比如《来自月球的雷达人》(Radar Men from the Moon)等,也是鹦鹉学舌。

在电影中始终没有真正具有外星特色的外星人出现,直到 1951 年的《X 星来客》将片名中那令人毛骨悚然的小东西搬上了银幕,即便是《地球停转之日》(1951 年)这样的经典之作和《火箭飞船 X-M》(Rocketship X-M,1950 年)这类准经典电影,片中的外星人看起来都跟人类一模一样。然而,《X 星来客》中的这位主角却有着明显的异世特征,就像近 30 年前的埃克一样,充当了今天的飞碟学中

左上图及对页图：《宇宙访客》（1953 年）不仅成功地刻画了纯为异形的外星人，而且在对它们的描绘中还带着同情。它们在意外的坠毁事件中降落到地球上，并不想征服地球，只想尽快离开。

右上图：由艺术总监阿尔伯特·野崎（Albert Nozaki）在《星际战争》（1953 年）中创造的火星人出场时间虽短，其形象却令人难忘。

"灰外星人"的前身。可惜的是，此后多年间，来自 X 行星的这个面具遮脸的人都一直后无来者，因为好莱坞重新回到了基本完全像人的外星人那条老路上——或者最低限度也得看着像人，比如《怪人》（The Thing from Another World，1951 年）一片里，在北极基地把船员们吓坏了的那棵会走路的人形蔬菜。究其原因，很可能一方面是由于缺乏想象力，另一方面则是资金短缺：毕竟塑造人形或类人外星人的成本更低。

尽管如此，值得称道的是，仍有大量影片尝试着将外星人塑造为真正的异形。虽然在《火星入侵者》（Invaders from Mars，1953 年）中，大多数火星人都是体形笨重、眼球凸出、穿着天鹅绒连衫裤的暴徒，它们却受一种超级智能

的操控，这一超级智能的身材极小、脑袋鼓鼓、有张人形的脸，在本该是身体的地方却长着卷曲的触须。《宇宙访客》（It Came from Outer Space，1953 年）的主角是个会变形的外星人，可以化作人形，但其本来的原形却是完全令人厌恶的独眼怪物——简直绝对就是外星人的模样。这部片子是首批真正试图将外星人表现为彻底非人形但同时又对其充满同情的影片之一：它们只是外表看着像怪物罢了。这部电影的独特之处在于，片中的外星人完全是偶然来到地球的，它们只希望不要被人打扰，直到能够离开地球。设计师查尔斯·杰莫拉（Charles Gemora）创造出了一个令人信服的火星人形象，在被匈牙利导演乔治·帕尔（George Pal）搬上电影银幕的《星际战争》（1953 年）中，

我现在就要干掉那该死的玩意儿。

——帕克（Parker），《异形》（*Alien*），1979 年

也曾让人惊鸿一瞥。尽管在大银幕上停留的时间还不到一秒，它凸出的三叉眼、有节奏摆动的头和蜘蛛般的四肢仍然令人印象深刻。

还有一部几乎被人遗忘的奇幻影片《超声速飞碟》（*Supersonic Saucer*，1956 年），这部英国儿童电影不仅表现了一个令人难忘的独特外星人，而且故事情节也让人联想起《E.T. 外星人》（*E. T. the Extra-Terrestrial*，1982 年），同样与普里斯特利（J.B. Priestley）的《斯诺格尔》（*Snoggle*，1971 年）相似。这个无名外星人不会说话，尽管它的外表差不多只是个没什么形状的白口袋，大约0.3米（约1英尺）高，有双硕大的眼睛，但在这部朴实无华的电影中，它却传达出真正的个性和真实的存在。还有一个不寻常的特征，就是这个生命体的身份正是片名中提到的飞碟，因为它能够随意地将自己转化成一架微小的航天飞船。

20 世纪 50 年代，很多电影制作人都运用过外星人占领地球、精神控制、丧失自我等科幻主题来评议当时席卷全美的多疑妄想症。那一时期人人自危，每个人看镇上的陌生人甚至邻居和亲戚都觉得可疑；每个人都害怕被国际间谍洗脑，成为一个毫无个性的政治机器中齿轮般微不足道的存在，在这一机器里，个性是一种上至可判死刑的罪恶。因此，好莱坞制作了诸如《宇宙访客》（1953 年）、《天外夺命花》（*Invasion of the Body Snatchers*，1956 年）、《第27 天》（*The 27th Day*，1957 年）、《我的老公是异形》（*I Married a Monster from Outer Space*，1958 年）、《食脑人》（*The Brain Eaters*，1958 年）和无数其他电影，其中的外星入侵者替代了可怕的国际威胁。不足为奇的是，这些电影大部分都直接从方兴未艾的 UFO 文化当中汲取灵感，因此，与其说完全是这些电影塑造出了现

海尼克分类

影片《第三类接触》（1977 年）在制作过程中招募了美国资深 UFO 研究者、作家艾伦·海尼克（Allen Hynek）作为顾问（他也曾在片中短暂客串过）。正是海尼克开发了一套用于 UFO 目击的分类系统，并由此衍生出了电影的片名。其分类往往如下所列，但也有许多变体：

· **夜间光点**：人眼目击的夜空中清晰可见的光点，其运动或外观无法轻易做出解释。

· **夜间圆盘**：夜间人眼目击的以规整的光芒为其形态的不明飞行物。

· **日间圆盘**：白天人眼目击的形状清晰的UFO，通常为椭圆形或圆盘形。

· **雷达事件**：雷达屏幕上的不明光点。

· **目击雷达事件**：雷达屏幕上的不明光点，与人眼目击的情况相吻合。

· **第一类近距离接触**：在附近目击到的不明飞行物，但与目击者或周围环境之间没有任何

互动。

· **第二类近距离接触**：UFO 目击中包括直接互动或实际物证。

· **第三类近距离接触**：观测到 UFO 中有类人或与人类相似的乘客。

· **第四类近距离接触**：绑架。

· **第五类近距离接触**：人与外星人之间的友好沟通和交流。

左上图：1979 年的影片《异形》中的异形由瑞士超现实主义画家吉格尔（H. R. Giger）设计，是外星人流行概念中"灰外星人"唯一的竞争对手。异形卵曾在三部续集中出现过，还改头换面地出现在其他十几部影片中。

右上图：电影银幕上的外星人中，堪称最具代表性之一的是《飞碟征空》（1955 年）中的昆虫形"变种人"。令人印象深刻的服装比预期的要昂贵，所以只做了上半身。

代的外星人概念，倒毋宁说这种效应更像是自我延续的反馈。

最好的例子是拍摄于 1956 年的"纪录片"《不明飞行物：飞碟的真实故事》（*Unidentified Flying Objects: The True Story of Flying Saucers*）。与这部纪录片处于同一时期的，还有唐纳德·奇霍（Donald Keyhoe）的《飞碟是真实的》（*Flying Saucers are Real*，1950 年）、弗兰克·斯库利（Frank Scully）的《飞碟背后》（*Behind the Flying Saucers*，1950 年）、乔治·亚当斯基的《飞碟登陆》（*Flying Saucers Have Landed*，1953 年）和《太空飞船里》（*Inside the Space Ships*，1955 年）、哈罗德·威尔金斯（Harold Wilkins）的《飞碟出击》（*Flying Saucers on the Attack*，1954 年）这类耸人听闻的书籍，以及相对较为理智的《不明飞行物报告》（*The Report on Unidentified Flying Objects*，1956 年），由爱德华·鲁普特上尉（Captain Edward Ruppelt）写成，他曾负责美国空军的蓝皮书计划（Project Blue Book，针对不明飞行物的一系列官方研究中的最早一批先行者）。此外，在如《星期六晚邮报》（*The Saturday Evening Post*）、《时代周刊》（*Time*）、《流行科学》（*Popular Science*）、《生活》（*Life*）和《展望周刊》（*Look*）等在全球范围内广受尊崇的杂志上，也有一些相关专题文章，甚至封面故

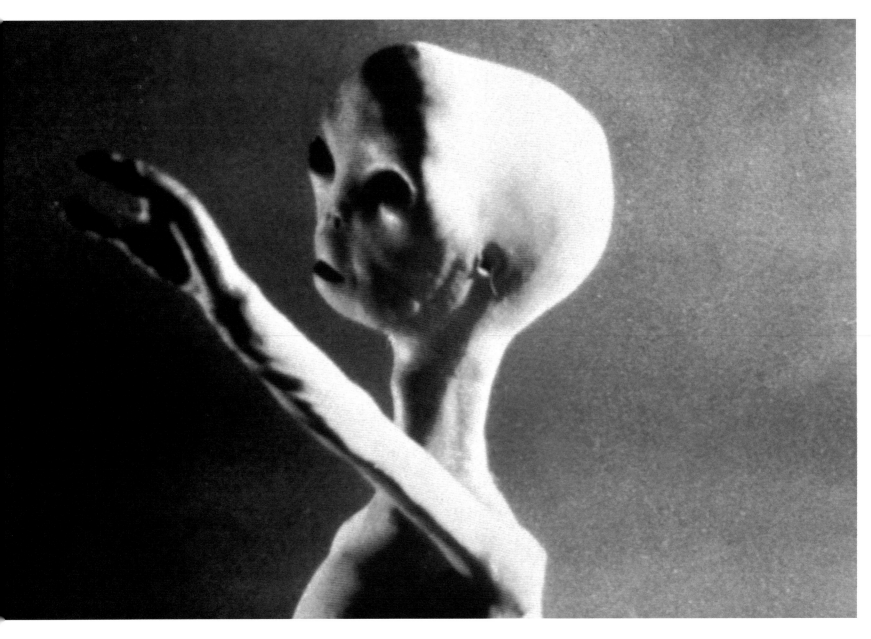

事。这部纪录片真假参半，将一场原本已经席卷公众的风潮煽动得更旺。

自20世纪50年代以来的近70年里，以某种形式的外星人出现的电影已经拍过成百上千部，这些电影长短不一，水准也参差不齐，其中很多外星人形象都不值得一提，例如光是《异形》的翻版就似乎没完没了。可惜的是在很多方面，《第三类接触》和《异形》都是对早期低俗小说的回归，甚至可以追溯到19世纪的小说，其中的外星人要么是可怕的非人怪物，要么是神灵一般的仁慈类人。然而，也有

少数例外，它们之所以显得卓尔不凡，不仅是因为在视觉效果上的独特性，或对后世电影的影响，也因为这些形象从我们的观念上塑造并影响了大银幕外星人应有的模样。

说到对"真实"UFO现象依赖度最高的电影，多半就是《第三类接触》了。这部影片之所以值得专门提及，是因为该片导致臭名昭著的"灰外星人"成了现代外星人的典型样板。尽管1975年，在根据贝蒂和巴尼·希尔的故事改编而成的电视剧《UFO事件》（ UFO Incident ）中，"灰外星人"就已经出现过，但

上图: 就公众认知度而言，唯一能与《异形》相媲美的，便是1977年的《第三类接触》，这部影片让"灰外星人"的物理特征在公众心目中牢牢扎根。

现在并非我们见面的合适时机。但还会有其他的夜晚，还有其他星星可以
供我们观看。它们会回来的。

——约翰·普特南（John Putnam），《宇宙访客》，1953 年

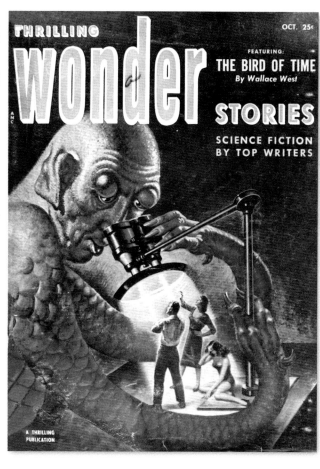

左上图：1938 年，英国科幻杂志《神奇传说》（*Tales of Wonder*）在一期封面上刊登了一幅蛙形两栖外星人文明的场景。

右上图：在这本出版于 1952 年的杂志封面上，人类被放到了工作台上，一个好奇的外星人正想弄明白自己发现的是什么奇怪的生物。

将这一形象深深植入公众脑海中的，仍是广受欢迎、大获成功的《第三类接触》。在电影上映前，影视节目中的外星人出现时都打扮得各不相同，令人眼花缭乱，这取决于导演的想象力和制片人的预算。但 1977 年后，有着蜘蛛般的四肢、毫无特色的灰色皮肤、猫一样的大眼睛以及几乎不存在的鼻子和嘴的外星人形象便已成为标准。在人类遭遇外星人现象出现的最初几十年里，外星人的相貌与人类非常相似。而自从希尔事件之后，则几乎一成不变，都是从无处不在的"灰外星人"（除

非是走《异形》的路子）改头换面而来的版本。对于涉及某种形式的外星人绑架的电影来说，更是尤其如此。例如《外星追缉令》（*Fire in the Sky*，1993 年）、《第四类》（*The Fourth Kind*，2009 年）以及片名直白的《外星人绑架》（*Alien Abduction*，2014 年），所有这些影片都号称是基于所谓的真实事件改编而成的（无论所谓"真实"的标准有多么宽松）。在最近的电影中，有典型的"灰外星人"出现的影片包括《外星人》（*Extraterrestrial*，2014 年，其中外星人在一座偏远的小木屋里吓唬几个少年）、

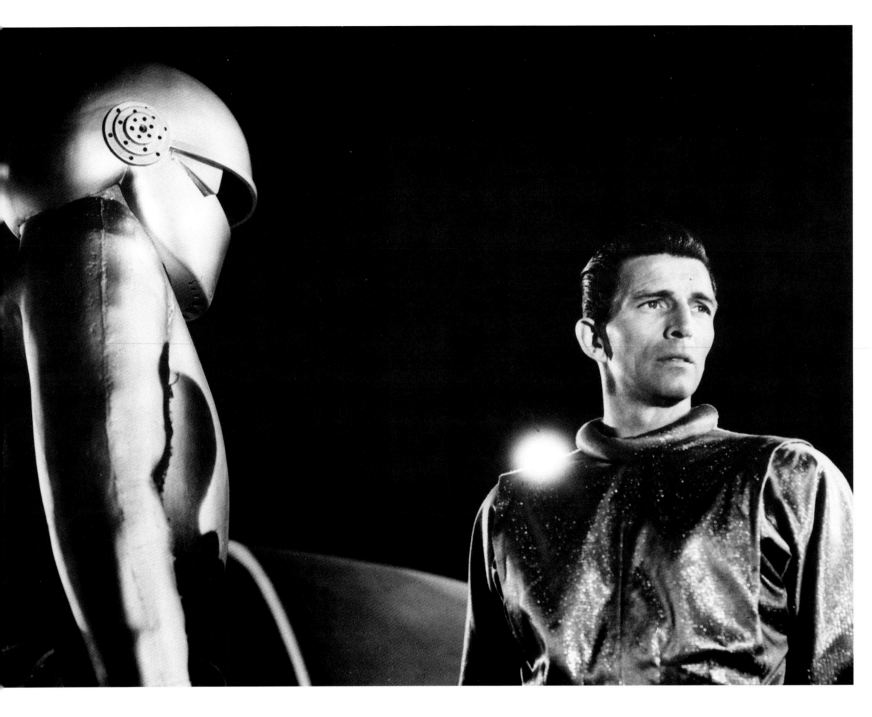

《黑暗天际》(*Dark Skies*, 2013 年)和《保罗》(*Paul*, 2011 年),《保罗》讲述一位到访地球的"灰外星人"是为了达到喜剧效果。而诸如约翰·福勒(John Fuller)的《中断的旅程》(*The Interrupted Journey*, 1966 年)这样的畅销书和《第三类接触》这样的电影都为外星人的外表确立了某种"规范"。

　　随着公众越来越倾向于认为外星人的外表就该是细长的灰色生物,长着细小的五官和硕大的眼睛,好莱坞便推出了他们认为观众希望看到的东西———一个不断增大、自饲式的螺旋体,在大部分人的心目中,这正是外星人应有的模样。

外星人类型学

　　我们可以把大多数科幻小说和好莱坞影

上图:《地球停转之日》(1951 年)里的克拉图不仅是好莱坞继续仰仗人形外星人的一个例证,也是即将问世并很快主导 UFO 文化的"太空兄弟"的先声:这些神灵一般的外星人访问地球的唯一目的,就是拯救人类免于自我毁灭。

右图：尽管还是被刻画成另一种长得像人的外星形象，但在影片《火星女魔》（1954 年）中，由帕特里夏·拉芬（Patricia Laffan）饰演的女主角尼娅却凭借罗纳德·科布（Ronald Cobb）设计的一套效果出彩的服装，演好了一个令人印象深刻的角色。

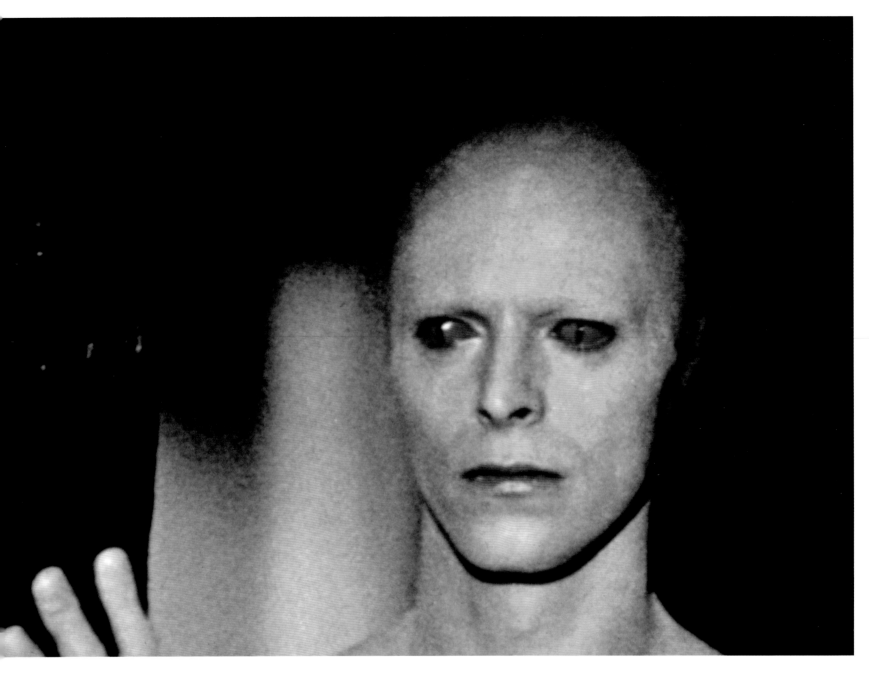

片中的外星人分成不同的类型。第一种当然就是几乎完全与人类相同的外星人，至少在外表上如此，例如《星际迷航》中的大多数外星物种都属于这一类；第二种是可能具备智能，但完全属于非人类；第三种可能是无智能或非理性的入侵者，例如《变形怪体》（The Blob，1958 年）中的那种怪物，或《金星怪兽》（又名《两千万英里到地球》，Twenty Million Miles to Earth，1957 年）里的伊米尔（Ymir），这一

类别中，或许还应该包括诸如在《人间大浩劫》（The Andromeda Strain，1971 年）中发现的外星疾病；第四种是会变形的外星人，它们本身没有固定不变的形态，而是可以根据周围的环境变换成任何最为便利的形状；第五种可能包括需要人类（或其他）宿主才能生存的智慧寄生体；最后一种，或许还应该包括人工智能、非有机或非物质实体的物种。在过去的一个世纪以来，毫不夸张地说，上述每一种外星人在

上图：大卫·鲍伊（David Bowie）在《天降财神》（The Man Who Fell to Earth）中扮演了托马斯·杰罗姆·牛顿（Thomas Jerome Newton），他是一位人形外星人，从一颗因全球性旱灾而致使生命濒临消亡的星球来到地球。

对页图：《星际迷航》中深受欢迎的人物斯波克先生可谓家喻户晓，以至于有时我们都想不起他是位来自瓦肯星的"绿血外星人"（或者说混血半外星人）。斯波克的父亲是瓦肯人，而母亲则是人类，因此他具有非常接近人类的面貌特征。

你们是个奇怪的物种，与别的任何一个物种都不相同。你们要是知道，原来居然有这么多物种，应该会觉得很惊讶。你们虽有智慧，却尚未开化。

——斯塔曼，《外星恋》，1984 年

上图：近年来，电影制作人在塑造真正异于人类的外星生物方面做出了一些努力，尤其是那些不仅拥有不同于地球人的身体，而且在思想和动机上也具备外星特质的生物。尽管如此，《第九区》（District 9，2009年）塑造的外星人仍以一个躯干、一个头颅和四肢的人类模式为蓝本，不免有些落差。

对页图：《E.T. 外星人》（1982 年）牢牢根植于可追溯至 19 世纪的科幻小说传统，呈现了我们心目中天外来客的所有特征——矮身材、小躯干、四肢细长、大脑袋、大眼睛。

电影银幕上都曾经呈现过千百次。要是在此逐一列出，甚至只列出其中最为出众的那一部分，都会令人精疲力竭，且毫无意义。不过，如果仅指出每一类型中最具代表性的几个例子，倒还有其价值。

形似人类的外星人

当然，最著名的好莱坞外星人是克拉图，出自经典电影《地球停转之日》（1951 年）。他来自一个未公开的星球，这个长着一副基督模样的外星人只需要将自己身上的宇航服换作一身西装，就能轻易地混进人群中。

还有一个毫无疑问属于类人形的外星人十分令人难忘，那就是《火星女魔》（Devil Girl from Mars，1954 年）中的女魔尼娅（Nyah）。影片把惯常的情节颠倒过来［1967 年的《火

星需要女人》（Mars Needs Women）片名已经体现得十分精练］，这一次是火星上的男人快要死光了，而尼娅的使命便是从地球上征集身体健康、雄性十足的男人，算是补充新鲜血液。由于某种原因，被她挑中的那些人却不愿意前往。

在影片《天降财神》（The Man Who Fell to Earth，1976 年）中，大卫·鲍伊（David Bowie）扮演了托马斯·杰罗姆·牛顿（Thomas Jerome Newton），这个外星人来到地球上，是为了寻找水来拯救自己的母星，以及留在母星上的家人。他利用自己掌握的先进技术知识，开创出了一门有利可图的生意。但正当他准备离开地球时，却被政府发现了，这威胁到了他计划的成功和他妻儿的性命。牛顿最终发现自己被遗弃在这颗星球上，已然迷失。

欢迎来到地球。

—— 史蒂芬·希勒上尉（Captain Steven Hiller），科幻电影《独立日》（*Independence Day*），1996 年

约翰·卡朋特（John Carpenter）执导的《外星恋》（*Starman*，1984 年）为我们呈现了另一个心怀恻隐的外星人形象，这位无名访客斯塔曼（Starman）化身为一个女人已故的丈夫，以人类形态来逃避当局的追捕。虽然这种天赋可能会让斯塔曼被归入会变形的外星人这一类别，但他确实几乎在整部电影中都是人形。在《星际迷航》系列电视剧和系列影片中，始终都将具备感知的外星物种描绘成人形——样子一般看起来比较奇怪，但仍然与人相似。当然，这种类型的典范当数极具标志性的瓦肯人斯波克先生（Vulcan Mr. Spock）——尽管他确实有一半人类血统。

在电影《飞碟入侵地球》（*Earth vs the Flying Saucers*，1956 年）中短暂出现的外星人，可以算作最早一批似的前身之一，最终演化成了典型"灰外星人"的原型。在镜头一扫而过的时候，我们能看到其中一名外星人的头部，细细的脖子上架着个大脑袋，长着大大的杏仁眼和小小的嘴巴。片中告诉观众，外星人的身体十分脆弱无力，面部看起来也苍老而干枯，像是属于一个或许正濒临灭绝的古老种族。

非人类有感知型外星人

在科幻文学中，充斥着完全非人类的外星人。我们知道，斯坦利·温鲍姆在《火星奥德赛》中为这一趋势奠定了基础，但他还写过其他几部作品，其中他不仅对外星环境中可能会进化出什么样的生命做出了推测，还推想

了外星生命可能已进化出了什么样的思想。在《食莲者》（*The Lotus Eaters*，1935 年）中，来自地球的探险家们发现了能移动的温血植物，它们集体共有的智慧可能比人类更为广博。尽管它们有能力发展出先进的哲学和科学理论，却并不具备生存本能，当遭到本地食肉动物攻击和吞噬时，它们的反应竟是无动于衷。人类探险家们对他们所见的这种令人费解的行为感到震惊。

还有一些作家设想了基于碳以外的元素而形成的生命。对硅基或晶体生命形式的早期描述可见于 P. 斯凯勒·米勒（P. Schuyler Miller）的《阿伦尼乌斯恐怖》（*The Arrhenius*

上图：无论《异形征服世界》（*It Conquered the World*，1959 年）作为一部电影而言存在多少不足，至少还能以塑造了银幕上最具想象力的外星人之一而自傲。由保罗·布雷斯代（Paul Blaisdell）塑造的这种几乎一动不动的生物看似是在一颗重力大于地球的星球上进化而来的。

对页图：在《银河地理》（*The Galactic Geographic*，2003 年）一书中，艺术家卡尔·克弗兹（Karl Kofoed）在一幅画中描绘了人类和外星人友好共处的场景。

Horror，1931年）和乔治·沃利斯（George Wallis）的《水晶威胁》（The Crystal Menace，1939年）。而约翰·泰恩（John Taine）的《水晶部落》（The Crystal Horde，1952年）和艾萨克·阿西莫夫（Isaac Asimov）的《谈话之石》（The Talking Stone，1955年）中，则都描绘了类似岩石或水晶的智慧生物。

还有一些外星人根本没有固定的形态。它们可能呈气态，如火焰，甚至是纯粹的能量。在弗雷德·霍伊尔（Fred Hoyle）的《黑云》（The Black Cloud，1957年）中，由氢构成的智慧云比木星还要大上许多倍，而在斯坦尼斯拉夫·莱姆的小说《索拉里斯星》（Solaris，1961年）中，那颗同名行星的两极之间则完全被一片有感知的海洋所覆盖，后来才发现，这片海洋原来是个单一的生物有机体。厄休拉·勒古恩（Ursula Le Guin）在《比帝国更辽阔缓慢》（Vaster Than Empires and More Slow，1971年）中也提出了类似的想法，她在该书中描述了一颗被郁郁葱葱的植物所覆盖的星球，形成了一个完形的智能。奥拉夫·斯塔普尔顿的《火焰》（The Flames，1947年）和阿瑟·克拉克的《自太阳而来》（Out of the Sun，1958年）都猜想过类似于活生生的火焰的智慧生物。

大量小说都聚焦于以某种纯粹能量形式或能量场形态存在的外星人，比如特里·卡尔（Terry Carr）的短篇小说《宇宙尽头之光》（The Light at the End of the Universe，1976年）。这种形态的外星人最早出现在如西奥多·斯特金的《以太呼吸者》（Ether Breather，1939年）及续集《丁基及呼吸者》（Butyl and the Breather，1940年）这些作品中。除来自其他维度的实体外，这一类别中还包括其他超越了我们所处三维的实体。

INDESCRIBABLE... INDESTRUCTIBLE! NOTHING CAN STOP IT!

THE BLOB

STEVEN McQUEEN

CORSEAUT · ROWE

JACK H. HARRIS · IRVIN S. YEAWORTH, JR. · THEODORE SIMONSON · KATE PHILLIPS

上图：图为1958年的《变形怪体》中的变形怪体，可能找不到比它更不像人类的外星人了——就是一团没有头脑的贪婪原生质，唯一的目标就是进食和长大。

除了少数知名作品外，非人形外星人在电影中一直十分罕见。造成这种现象的理由之一可能是剧本作家和创意总监普遍缺乏想象力，也可能是他们异想天开地认为，太空中任何智慧生命的外观在最低限度上必定也应与人类有相似之处。原因也可能更简单：化妆效果和服装都很昂贵，所以弄出来一个标新立异的外星人，兴许就会超出预算。用普通演员比用化妆演员更便宜，用化妆演员比定制全身服装更便宜，定制全身服装又比用木偶（比如1986年《异形》中的外星女王）或高级CGI（电脑生成图像）更便宜。即使是银幕异形外星人中最具代表性的一个——《飞碟征空》（1955年）中的变种人也只能穿条普通裤子，因为制片方的钱只够做上半截衣服。在《禁忌星球》（Forbidden Planet，1956年）中，克雷尔人（Krell）的实际形态也仅仅是通过他们宽阔的菱形走廊的形状来暗示的，而从未在电影中正面出现过。

还有其他电影更努力地去试图理解，外星环境和进化过程将会产生出真正有别于地球的生命形式这一概念。《星河战队》（Starship Troopers，1997年）中的昆虫文明不仅呈现出令人恐惧的非人类形态，甚至还展现了非人类的思维过程，对于好莱坞来说，这算得上是罕见的成就了。而詹姆斯·卡梅隆（James Cameron）的《深渊》（The Abyss，1989年）则相当了不起地塑造出了完全非人类的外星物种。电影中带有磷光的半透明生物虽然仍有一些传统"灰外星人"的特征，却清晰地表现出是来自不同于地球的起源。

无感知型外星人

虽然有点离题，因为本书的重点是放在

左图:《天外夺命花》(1956 年)中飘到地球上的孢子几乎和变形怪体一样无脑,但由于它们有能力复制出类似僵尸的人类,所以相比之下要危险得多。

智慧的或具有思想的外星人上,但对于无感知型外星人中部分较为有趣的例子,至少也应有所提及,否则未免草率。这类外星人中,有许多(尤其是 20 世纪 50 年代的科幻热衷的那些)都只是为了能找个理由引入一些用来吓唬当地居民的嗜杀怪物,直到它们被主人公干掉。尽管这些外星生物大多都属于陈词滥调,不过是那种套着橡胶衣服的人装扮而成的怪物,比如《外星恶客》(*It! The Terror from Beyond Space*,1958 年)里的火星人——这部电影开《异形》之先河,取得了惊人的成就。然而,其本身只是穿西装的外星人的又一个例证。也另有一些则堪称富有想象力的创造。

1958 年,《变形怪体》(*The Blob*)上映,它是一团没有固定形状的黏糊糊的半透明体,唯一的兴趣就是把人类吞进它那不断膨胀的一团里面去,以及《魔眼惊魂》(*The Trollenberg Terror*,1958 年),片中一群长有触手的恐怖的巨型怪物不知来自何方,它们占领了位于山顶的天文台。取材于约翰·温德姆(John Wyndham)同名小说的电影《三尖树时代》

(又名《三脚妖之日》,*The Day of the Triffids*,1962 年)中,如片名那种能够移动的巨型食肉植物的种子在一场流星雨中抵达了地球。在罗杰·科曼(Roger Corman)的《恐怖小店》(*The Little Shop of Horrors*,1960 年)中,类似的主题得到了精彩的重现。最后,还有《天外来菌》(*The Andromeda Strain*,1971 年)中那种致命的病毒,它是由一颗返航的卫星带到地球上的。这部电影反映了一种真实的恐惧,即宇航员和宇宙飞船可能会给地球带来外星疾病,而地球上的生物对此却毫无招架之力。

出于这个原因,返回的"阿波罗号"宇航员(曾暴露在月球尘埃中)首先要经过彻底的净化才能获许与人接触。同样,设计用于登陆其他行星的航天器在进入太空之前,也要经过严格的消毒过程,以免地球上的生物体污染了前往探索的那个世界。入侵是双向的。

会变形的外星人

外星人可能看起来是完全正常的人类,但实际上这并非他们的本来面目,这引发了我

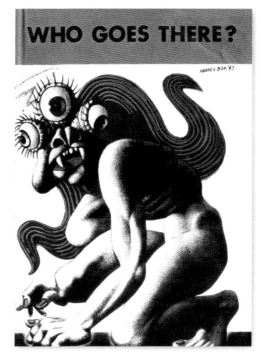

人类被驱使去诸天寻找伙伴。
——迈克尔·卡罗尔，2016 年

左上图：尽管名字起得很糟糕，但导演小吉恩·福勒的《我的老公是异形》（1958 年）实际上是一部制作精良的电影，主角是一个富有想象力、最重要的是富于同情心的外星人。在当时大多数电影里的外星人都是忙于征服世界的情况下，这是一种不同寻常的做法。

右上图：约翰·坎贝尔（John Campbell）1938 年的短篇小说《怪形》是 4 部电影的灵感来源，无论是否得到官方承认，其中最引人注目的是《怪人》（1951 年）。一个不怀好意的外星人，却有能力伪装成普通人的外表，这完美地契合了当时特殊的时代需求。

们最原始的恐惧。克利福德·西马克（Clifford Simak）的小说《他们像人一样走路》（They Walked Like Men，1962 年）中，外星人的真实形态其实最接近于黑色保龄球。通过随意变形（他们可以融合在一起，变成比他们本身体积更大的物体及生物），他们居然企图使出把自己伪装成现金的招数，要从人类手中买下地球。有个特别令人毛骨悚然的场景，一个角色意识到，他公寓里的家具可能全是活的，它们正在看着他。

从原理上看，这些变形者其实与电影里那些人形外星人有着一定的关联。不同之处在于，外星人本身，无论是内在蕴含还是外在表征，都完全是非人的存在。《天外夺命花》（Invasion of the Body Snatchers，1956 年）很可能是这类好莱坞电影的典范，同时，或许也是从持续的

现实恐慌中获得灵感的外星人入侵电影的典范。该片根据杰克·芬尼（Jack Finney）的小说做了大幅改编，片中的外星人是种含有孢子的豆荚，从某个未知的来源飘到了地球上。每颗孢子都有能力复制出一个人，包括他们的记忆和性格。然而，这些复制品却没有任何情感。目前还不清楚这些豆荚本身是否具有任何智力，或者仅仅是种不具备感知的寄生体。

《我的老公是异形》是一部非常不错的短影片，可惜片名却偏偏排在电影史上最差劲的名字之列。变形外星人从一颗生命濒临灭绝的星球来到了地球上，他们期望与地球物种进行杂交或许有助于拯救自己的种族。导演小吉恩·福勒（Gene Fowler Jr.）没有耍什么花招来避免展露外星人的原形，而是在一系列设定得非常有效甚至令人震惊的场景中展示了他们

的真实面目。

《怪人》（1951 年）改编自约翰·坎贝尔（John Campbell）的短篇小说《怪形》（*Who Goes There？*）。宇宙飞船坠毁后，一个会变形的外星人发现自己被困在了我们的星球上。这个外星人兼具能够化身为任何生命体的能力，以及令人恐惧的智力。小说里的外星人是个三只眼的恐怖怪物，但在影片中，外星人却只是由一位演员扮演——初试啼声的詹姆斯·阿内斯（James Arness），只是在双手和指关节上安了许多刺，好让他看起来接近片中外星人该有的那副会走路的蔬菜模样。另一方面来说，在这个外星人和弗兰肯斯坦的怪物形象之间，没有太多选择。

而据米歇尔·法柏（Michel Faber）的同名小说改编的影片《皮囊之下》（*Under the Skin*，2014 年）之所以与众不同，是因为这是一部罕见的试图从外星人视角来看待外星人入侵的电影。她外表虽能化作人形，却既没有身为人类的经验，也不知该如何正确理解自己这副新皮囊。

寄生型外星人

有些外星人虽然聪明能干，却不得不依靠宿主来执行他们的计划。《食脑人》是根据罗伯特·海因莱因的小说《傀儡主人》（*The Puppet Masters*，1951 年）改编而成。因为未经许可而使用原著，海因莱因还起诉了电影制片人。具有讽刺意味的是，尽管这部小说此后曾翻拍成多个版本的大制作影片，但 1958 年的这部仿制品可能才是最忠实于原著的版本。在小说和电影中，像虫子一样的寄生体依附在宿主的脑干上，从而控制其思想和行为。

在影片《隐藏杀手》（*The Hidden*，1987 年）中，能够侵占人类身体的一个外星寄生体在被另一寄居于人体内的外星人追逐的过

上图：《幽浮人入侵》（*Invasion of the Saucer Men*，1957 年）中的外星人发现，他们硕大的脑袋无法塞进美国青少年的头颅。

对页图：鲸鱼座七（Mira Ceti VII）是一颗有感知机器人的星球，上面的金属狂人无法与《旋涡巡逻队》（*Vortex Patrol*）中的朱迪卡队长（Captain Judikha）相提并论。非有机生命概念作为科幻小说中的主题，至少可以追溯到 20 世纪 30 年代。这一概念的表现形式颇为丰富，从智慧晶体到完全由能自我复制的机器人居住的行星，不一而足。

程中，进行了一场暴力犯罪的狂欢。类似的设想也见于《外星大脑》（*The Brain from Planet Arous*，1957 年）中，邪恶的外星智能体侵入了一位科学家的大脑，而追踪而至的善良外星人则占据了科学家宠物狗的大脑。两部电影可能都从哈尔·克莱蒙特出版于 1950 年的小说《针》（*Needle*）中汲取了灵感，书中一名外星警察［长得就像一只 1.8 千克（约 4 磅）重的绿色水母］能够在一个人的体内与宿主共生共存，它在地球上搜寻隐藏在另一个人体内与它相似的同类。

人造或无实体型外星人

最后，我们来讲一讲没有生物形态的外星人。它们可能不是由物质构成，而是纯粹能量性的生物，甚至就是思想本身。

影视作品中，早期出现的一个极有想象力的外星人形象是邪恶的曼扎（Manza），在早期的电视直播系列剧《太空巡逻队》（*Space Patrol*）中，它对太空航路产生了威胁。这个外星人是一种没有实体的声音，可以完全在精神上控制受害者。在《曼扎的失败》（*The Defeat of Manza*，1954 年）中，人们发现其实

它就是一组散落在地面上的晶体，分布方式看似随机，却形成了特定的图案。晶体的带电特性致使智能得以产生。对曼扎来说，不幸的是，一旦晶体的排列方式被打乱，图案就会消失，且无法重构。《探月12人》（ *12 to the Moon* ，1960年）中的宇航员也遇到了不依托肉体、通过心灵感应进行交流的智慧生命。它们由于对地球的了解而产生了幻灭情绪，威胁要摧毁地球。

博格人（Borg）是在电视剧《星际迷航：下一代》（ *Star Trek: The Next Génération* ）中亮相的，并在电影《星际迷航：第一次接触》（ *Star Trek: First Contact* ，1996年）中扮演了关键角色。博格人是不同物种的集合，这些物种变成了半机器半有机体的存在，作为被称作"集体"（Colletive）的蜂巢思维的一部分来运作。这些按照控制论而言，经过优化的生物可以"同化"或吸收其他物种进入集体，无休止地朝着成为完美物种的方向努力。

影片《2001：太空漫游》中，在长达若干万年的时间里，有种看不见的外星人一直在引导着人类进化。在《星际穿越》（ *Interstellar* ，

上图:《星际迷航》中，博格人的名字来源于"赛博格"（cyborg），而"赛博格"则是"神经机械学有机体"的缩写。这一术语是 1960 年由美国科学家曼弗雷德·克林斯（Manfred Clynes）和内森·克莱恩（Nathan Kline）创造的，指的是生物有机体和机械的合体。

对页图：詹姆斯·卡梅隆的《阿凡达》（Avatar，2009 年）的独特之处在于，它不仅描绘了一种外星种族，而且还试图打造一个完整的行星生态系统，这个生态系统不仅符合科学原理，而且显然有别于地球。这种环境是在与几位科学家的合作下精心设计的，它决定了在潘多拉星球上进化形成的生物种类，以及居于其上的智慧生命的文化。

2014 年）中，那些看不见的外星人似乎无所不能、无所不知，结果证明，其实就是未来的人类自身。

总体而言，自从文质彬彬、口齿伶俐、完全跟人类相似的克拉图出现以来，好莱坞的外星人已经进化了很多。直至过去的十几二十年前，这种不愿表现真正的异形外星人的做法其实是出于节约成本的目的，这完全可以理解。随着 CGI（Computer-generated imagery，电脑生成动画）的出现，导演和设计师不再受限于物理上的可能性。这不仅意味着更高的艺术自由度，也意味着可以随心所欲地创造出外星人，令其看起来就像是外星环境中经过数十亿年进化形成的产物，因此也就拓宽和发展了流行的外星人神话。

科幻小说中的外星人组照

科幻小说插画家所描绘的外星人如同艺术家本人一样风格多变，他们塑造的外星人形象在形式和特征上都有广泛的差异。在过去的一个世纪里，即便还不占大多数，但也有许多人满足于标准形态或经过改头换面的人形外星人形象；然而，其他一些人则步科幻作家斯坦利·温鲍姆的后尘，试图描绘出真正像是外星环境产物的外星人。

是啊，他回来了，但他不是妖怪。他是个宇航员。
——艾略特，《E.T. 外星人》，1982 年

对页左下图：凡·东恩（H. R. Van Dongen）创造了一个令人信服的外星人来演绎哈尔·克莱蒙特的故事，其中充斥着看似真实的非人类外星人。

对页右下图：普里斯特利的《斯诺格尔》（1971 年）中出现了许多后来在《E.T. 外星人》里重现的想法，尽管如其片名的外星人斯诺格尔必定远非电影中那位隐隐与人类相似的主演那副模样。

左下图：英国艺术家罗宾·雅克（Robin Jacques）为约翰·基尔·克罗斯（John Keir Cross）的《愤怒星球》（*The Angry Planet*，1945 年）绘制了一个火星人，它糅合了动物、植物和真菌三种生命形式。作者为这个星球设计了一个详细的生态系统，并严格遵循这一基础，详尽描述了生活在其中的生物种类及其行为方式。

右下图：艾略特·戴德（Elliot Dold）的插图描绘了来自金星、形似水母的生物，在纳特·沙切纳（Nat Schachner）的作品《金星腐生人》（*The Saprophyte Men of Venus*，1936 年）中，它们搜捕人类为食。

对页图：美国艺术家韦恩·巴洛（Wayne Barlowe）擅长创造令人信服、看似确实是来自外星的生物。这幅画出自他的作品《远征》（Expédition，1990 年），描绘了一种致命的空中捕食者，名叫"斯库尔"。

左上图：史蒂芬·希克曼（Stephen Hickman）画风细腻，已经为数百本科幻和奇幻小说创作过封面。这幅画是为大卫·德雷克（David Drake）的作品《所及》（The Reaches，2004 年）创作的封面。

左下图：1933 年，瓦伦丁（A. C. Valentine）创作了这幅水彩画，描绘了生活在火星上的机器"动物"。

上图：在这幅插图中，当代插画家汤姆·米勒（Tom Miller）异想天开地恶搞了格兰特·伍德（Grant Wood）的标志性画作《美国哥特式》（American Gothic），将其中那位 19 世纪的美国男子换成了外星入侵者。

09

伟大的神话

对页图：在小说《月亮之石》（*The Stone from the Moon*，1926年）中，德国科幻小说作家奥托·威利·盖尔（Otto Willi Gail）讲述道，在一颗小行星上发现了一个来自亚特兰蒂斯的远古殖民地。图为美国艺术家弗兰克·保罗（Frank R Paul）笔下的这一场景。

来自其他星球的外星人不仅目前正在造访，而且自始至终都在定期造访太阳系，尤其是我们的地球，这一信念已经衍生出了外星人自身的神话。其中有两种观念最为普遍：一是月球、火星以及其他星球上或许都有外星人存在；二是如果外星人不仅数百年以来（倘若不是数千年的话）曾多次光顾我们的地球，可能还曾经在人类历史上发挥过积极作用。

月球和火星上有外星人吗？一个经久不衰的神话是，火星和月球上有外星人存在。这方面的证据几乎都是由从模模糊糊、若隐若现的图像中看出点端倪的天文学家和其他人提出来的，于是就成为人类大脑中一种固有现象的牺牲品：空想性错视。在明明看到的是模糊不清的图像，却自以为看到的是清晰的画面时，就会产生这种幻觉。所见越是模糊、越是随机，我们的大脑就越有可能尝试去理解它，从中找出熟悉的图案。正如卡尔·萨根在《魔鬼出没的世界》里指出的那样："婴儿一旦具有视力，就会识别出人脸，我们现在知道，这种技能深深地烙印在我们的大脑中。"当我们试图在云层或天花板的裂缝中看出某种图案时，我们都是在有意识地这样做。在互联网上有整页整页

的内容，都是关于人们在普通物品中发现的"面孔"形状。月亮上的人脸是在工作中出现空想性错视的一个例证，还有人在玉米饼和烤面包上找到的星座、精灵和圣母玛利亚的图案也是。当帕西瓦尔·罗威尔对火星进行观测时，由于望远镜的分辨率所限，他看到了一些模糊的地貌——他的大脑又将这些地貌看成了轮廓清晰的运河，在这颗星球上纵横交错。在"火星上的脸"被"发现"之前，这可能算是"空想性错视"最臭名昭著的一个例子了。空想性错视甚至可以解释众多所谓的"飞碟"目击事件，观察者的大脑会将一些根本子虚乌有的细节充填其中。

第一个声称在月球上看到人造建筑的人是弗朗茨·冯·保拉·格鲁伊图依森男爵。他是巴伐利亚的一名医生，后来成为天文学教授，在其职业生涯中，他为这门科学做出了许多重要贡献（一个月球陨石坑以他的名字命名）。正如他那个时代的许多其他人一样，他也相信月球是适宜人类居住的。尽管当时大多数天文学家都认为，月球上几乎没有空气，也就很可能没有生命。然而，格鲁伊图依森更进了一步，确信月球不仅适合居住，而且确实有

左图：弗朗茨·冯·保拉·格鲁伊图依森男爵在受限于望远镜分辨率的情况之下，解释光与影构成的复杂图案，他确信自己在月球上发现了古代文明的遗迹。这是他创作的其中一幅画，试图描绘他所看到的景象。

人居住。在他之前，赫歇尔、施罗特（Schröter）和其他人也持此观点。当他宣称在暑湾（Sinus Aestuum）附近、施罗特火山口西北偏北方向发现了一座完整的城市时，他的同事们为之震惊。这座城市由线性山脊状图形构成，因此他将其命名为"沃渥克"（Wallwerk）。据他所见，它们似乎形成了一种人字形图案，像是人力所为。他声称这些山脊实际上是街道和建筑物。他甚至还发现了一处被他称为"星庙"的建筑，并认为这可能是一座巨大的纪念碑。他发表的声明在媒体上引起了轩然大波（毫无疑问，这正是 1835 年"月球骗局"的灵感来源）。甚至连丁尼生（Tennyson）也受此启迪，在诗作《丁巴克图》（Timbuctoo）中提到了格鲁伊图依森的月亮城：

我看到月中的白色城池，

她闪烁的小湖，

她巍峨的银峰，

无人登临，

漂泊的行云洒下雨露。

还有那黑洞洞的凹谷，

未曾下探，寂然幽深，

不——有人类的低语，

或其他生命未解的交谈，

以及遥远世界里忙碌生命的杂音。

格鲁伊图依森也许是将自己看作又一位哥伦布，一名伟大的太空探险家，他不仅向公众宣布了他的发现，而且还向皇室和科学家们做了展示。但是后来，天文学家们使用了比格鲁伊图依森那架小小的 6 厘米（约 2.4 英寸）

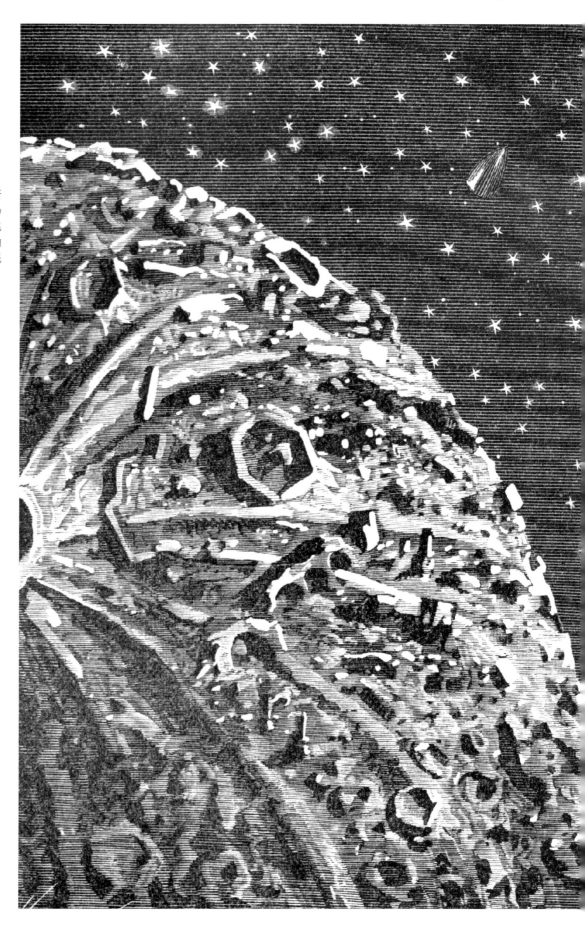

右图：儒勒·凡尔纳很可能是受到了格鲁伊图依森所谓发现的启迪，《从地球到月球》（*From the Earth to the Moon*，1865 年）一书写道，当宇航员们绕月飞行时，他们发现了一种看似是古老的月球城市遗迹的景观。这幅插图出自法文原版书，由亨利·德·蒙托（Henri de Montaut）所绘。

折射望远镜要庞大得多的设备，开始仔细观察他所谓的"沃渥克"城，并宣布并不存在什么城市，只是自然地貌景观而已。时至今日，美国国家航空航天局的宇宙飞船已经对该地区进行了成像，结果表明格鲁伊图依森的反对者无疑是正确的。

在儒勒·凡尔纳于 1865 年出版的小说《从地球到月球》中，他笔下的宇航员们在月球上空沿轨道飞行时，观察到月面有一片类似城市废墟的景象：

米歇尔·阿旦（Michel Ardan）……自信辨认出了一座废墟，他宣布了这一消息，提请巴比康（Barbicane）注意。这片石堆的排列方式相当有规律，似乎是一座庞大的堡垒，占据着曾为史前河床的那些长长凹槽中的一条……在其下方，他看到了城市倾颓的城墙；这边是一座起重架仍然完整的曲线，那边又是倒在两旁的三根柱子，再向前望去，是一排曾经支撑过导水管道的拱门，而别处又翻掘出庞大桥梁上的桥柱，跨越了凹槽中最宽阔的部分。他辨认出了这一切，但他的目光带着太多想象的成分，又是通过这样一副怪异的望远镜来观测，以至于有必要对他所见的景象表示怀疑。但可以肯定的是，谁又敢说那位随和的年轻人不是真的看见了两名同伴不愿看到的东西呢？这些时刻太过宝贵，不能浪费在无聊的讨论上。不管是否属实，塞林耐特城都已经消失在远方。

上图：1953 年，美国天文学家约翰·奥尼尔（John O' Neill）宣布，他观测到了月球上一座巨大的桥梁。尽管他并未表示这可能是人为建造的桥梁，但其他很多人却匆忙得出了这个结论。结果最终发现这座所谓桥梁属于错视。这幅图展示了一些人曾经认为这座桥可能呈现的面貌，是为 1963 年出版的一本意大利书籍而创作的。

左上图：来自美国国家航空航天局的原始照片显示，所谓"鼹蜥"不过是比它大得多的图像中的一小部分，只是一块奇形怪状的岩石而已，这种石头周围还有几十块。

右上图：火星"鼹蜥"是天马行空的想象力和从较大的图像中截取的低分辨率细节结合而成的产物。图为NASA的"好奇号"探测器拍摄的原始图像经过放大的截图。

近一个世纪以来，人们对月球上有人居住的可能性并未过多地加以认真关注。天文学家对我们这颗天然卫星上的条件了解得越深，月球上曾经有过生命存在的这种可能性就越渺茫。1953年，美国天文学家约翰·奥尼尔（John O'Neill）宣称，他已经观测到月球上存在一座巨大桥梁的证据，这让人兴奋不已。英国天文学家休伯特·威金斯（Hubert Wilkins）充满热情地拥护了这一发现。"它的跨度，"他写道，"从一头到另一头大约有32千米（约20英里）长，它距离月球地表可能得高出1524米（约5000英尺）。"威金斯相信这座桥是外星工程的产物，他很快就开始传播这一理念。

毋庸讳言，羽翼渐丰的不明飞行物爱好群体津津有味地抓住了这个想法，并做了进一步发挥。在《飞碟阴谋》一书中，唐纳德·奇霍少校（Major Donald Keyhoe）宣称，这是"一个令人难以置信的工程奇迹，显然是在数周内或数天内建成的"。奇霍甚至兴奋地暗示，这件事情向公众披露的可能还不止这些，他说："就连奥尼尔都不敢说出整件事。"

奥尼尔本人认为这座"桥"属于自然地貌，从来没有说过可能是人工建造的。事实证明，这座所谓的桥不过是一种错视，实则是由月球表面参差不齐的复杂阴影所构成的。具有讽刺意味的是，2010年，月球上发现了一座真正的桥，是由于熔岩管倒塌而形成的，虽不像奥尼尔的大规模建造物那样令人印象深刻，但还是蔚为壮观，这座桥的跨度为18米（约59英尺），宽度则相当于一条双车道高速公路。

随着太空时代的开始，以及月球表面近距离图像的生成，月球上生活着外星人的古老想法又蠢蠢欲动起来。那些足不出户的UFO猎人很快就会一寸一寸地仔细检查NASA和从地球上拍摄到的望远镜照片，找出哪怕是最轻微的一点异常现象，将其归结于外星人的存在。这在后来发展成了一种家庭手工业作坊，始作俑者是美国作家约瑟夫·古德维奇（Joseph Goodavage），从1974年到1975年间，他在《传奇》（Saga）杂志上发表了一系列文章，"证明"了外星文明在月球上的存在。不幸的是，正如美国太空历史学家詹姆斯·奥伯格（James Oberg）所指出的那样，古德维奇所作的陈述并不忠于事实，他不择手段地让自己的理论听起来可信，同时又尽其所能地将政府（尤其是NASA）涂抹成一副用心险恶的形象。正如奥伯格所说，古德维奇"刻意营造了一种虚假的

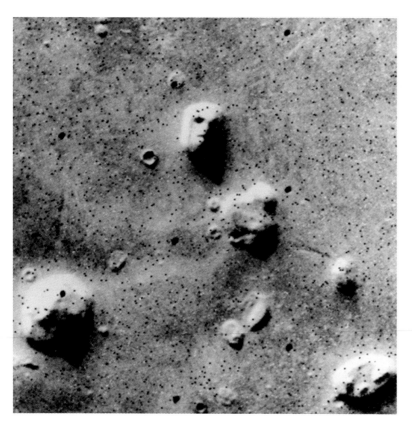

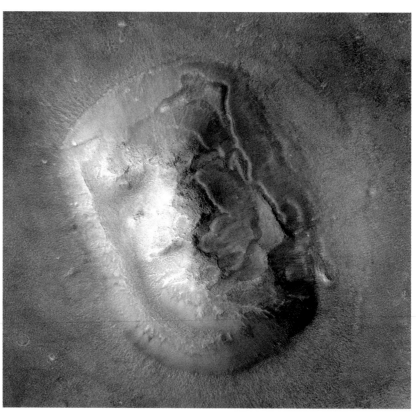

> 我们都坚定地相信，目前……除了我们自己的星球外，还有许多星球上都有生命存在……（这种想法）可能看似疯狂而又不切实际，但我坚持的观点不过是：这并非不科学。
>
> ——威廉·汤姆森（William Thomson），即开尔文勋爵，1871 年

左上图：臭名昭著的"火星上的脸"成了家庭作坊粗制滥造的书籍和视频的灵感来源，结果证明，只不过是一处普通的平顶山（高原上的台地地貌）而已。

右上图：这个所谓"恐龙"头骨是人们在"好奇号"发回的另一张图片中找到的，可作为据称在火星上发现的生物种群和物体的进一步例证。这也是空想性错视的另一个实例——人类大脑与生俱来便有在随机形状中寻找有意义的图案的趋势。原始图像显示，结合图片背景来看，"头骨"只不过是一块普通的岩石。

神秘"。

但他干得相当出色，为过去 50 年间一直为他摇旗呐喊的数百名阴谋论者和 UFO 专家铺就了道路。一个杰出的门徒是唐·威尔逊（Don Wilson），他最畅销的著作有《月球之谜》（*Our Mysterious Spaceship Moon*，1975 年）和《太空船月球》（*Our Spaceship Moon*，1979 年），这两本书企图证明，月球不仅是外星活动的温床，而且本身其实就是一艘中空的巨型太空船！

和许多追随他的人一样，威尔逊在月球上发现了外星"巨型构造"的证据，从巨大的金字塔，到巍峨的塔楼，再到忙着雕琢月球表面的庞大机器。不用说，所有这一切都逼近图片所能辨认出的极限，而且经常需要读者眯起眼睛细看，外加自行发挥想象。威尔逊也经常使用原始图片的劣质复制品。一旦仔细观察原始图片，他所谓的"巨型构造"要么完全消失，要么就被辨认出纯属自然地貌。

在所有关于"月球—火星外星人"的理论中，有几个突出的问题。阴谋论者声称，美国国家航空航天局正在积极掩盖这些星球上有外星人存在的所有证据。问题在于，他们却偏偏使用了很容易获取的 NASA 图像来证明外

一大团灰色的圆形物体，差不多有一只熊那么大，正费劲地慢慢地从圆柱体中升起。

——赫伯特·乔治·威尔斯，1898 年

右图："火星表面惊现大脚怪出没"，2016 年的一则小报头条新闻如是说。正如众多这类发现一样，这个物体只是原始图像中极小的一部分，而且分辨率也极低。事实上，这块石头只有几英寸高，距离相机只有几英尺远。包含了"大脚怪"形象的原始全景图片画幅巨大，并且充斥着细节。

星人为构造的存在。他们似乎完全没有意识到这种行为多么令人啼笑皆非。第二个问题则是空想性错视，正如我们在前文中所见的。有关这一点，我们可以凭借以下事实为证据：人们相信看到的月球和火星上的所有人工建筑、构造甚至动物，都存在于几乎无法识别出的细枝末节当中，处于人们能够感知的边缘。还没有人看到过清晰而明确的照片证据。

正如卡尔·萨根所说的那样，我们天生就会从图像中发现面孔，臭名昭著的"火星上的脸"便是空想性错视发生作用的一个经典案例。1976 年，美国国家航空航天局的"海盗 1号"探测器在对火星上一处名为"塞东尼亚"（Cydonia）的区域进行拍摄时，发现了一处朦胧间形似人类面孔的地方，全长约 3.2 千米（约 2 英里）。科学家们吓了一跳，但很快就把它当成了该地区常见的众多平顶山（扁平台地）

之一。只不过这一座恰好有一些不同寻常的阴影，看起来就像是位埃及法老罢了。

如果说美国国家航空航天局的科学家们对"火星上的脸"不屑一顾，那么公众则绝非如此。有些人确信这张脸是火星生命的绝对证据，并就此发展出了一整套阴谋论。1998 年4 月 5 日，"火星全球勘探者"探测器（Mars Global Surveyor）首次飞越了塞东尼亚区。部分是出于公众的压力，部分则是由于希望一劳永逸地结束这场争论，美国国家航空航天局用探测器拍摄了一张清晰度比"海盗号"的初始图片要高出十倍的照片。数以万计迫切想观看的阴谋论者和 UFO 爱好者看到了：那就是一种自然地形。终究还是没有什么外星人脸。

但阴谋论者们仍旧负隅顽抗，说这张照片是隔着缕缕云彩拍摄的，也许那张脸是被雾霾遮挡住或是扭曲了。所以到了 2001 年，

最左图: 在马佐里尼(Masolino da Panicale)的画作《雪的奇迹》(The Miracle of the Snow)中, 这些奇怪的碟形云朵被许多人解读为描绘的是一支外星飞船舰队的造访。

左图: 在《爱迪生征服火星》中, 加勒特·塞维斯提出, 金字塔和狮身人面像的建造都应归功于数千年前造访地球的火星人。

NASA 重新拍摄了一张。这一次, 该团队得以采用了相机的最高分辨率。在前所未见的清晰细节中, 可以清楚地看出, 正如科学家们一直所期待的那样: 这就是一座小丘或平顶山, 与美国西南部所发现的数百座之间并没有什么特别的不同。

"火星上的脸"是迄今为止发现的最著名的外星"人为构造", 但它既非孤例, 也绝非后无来者。到目前为止, 爱好者们已经在火星上"发现"了各种东西, 从大猩猩、鬣蜥、骨头和果冻甜甜圈, 到螃蟹、维多利亚时代的女人、松鼠和亚述诸神。每周都会产生一些新的"发现", 就像其他所有的"发现"一样, 也必定要么接近人类感官辨识的极限, 要么逼近相机分辨率的极限。跟之前的"人脸"一样, 很

可能在更好的条件下, 这些东西也会变成普通的岩石、阴影和其他地貌。

古老的外星人

或许在遥远的过去, 来自其他星球的生物曾经造访过地球, 也许还干预过地球上生命的进化, 这并不是一个新鲜的想法。有种与此相关的说法更加具体: 月球上就曾有过古代文明, 可能还曾经对地球上的生命发挥过作用, 甚或影响过人类的历史。

法国《国家报》(Le Pays)1864 年 6 月 17 日以专题形式刊登了一封信, 出自一位美国地质学家之手, 他声称发现了一颗巨大的陨石。打开陨石后, 发现内有一个空腔, 藏着一具外星人的木乃伊。这个人形生物身高约 1.2 米

左上图：乔治·格里菲斯的《太空蜜月之旅》（1900年）一书中，前往太空度蜜月的主人公夫妇不仅发现了古代月球文明的遗迹，还发现了文明缔造者的巨型骨架。他们推测，当月球丧失空气和水，月球居民便被迫到越来越深的地底生活——他们的身体试图缓慢地适应不断变化的环境，但最终还是未能存活。

右上图：在小说《昏昏欲睡》（1917年）中，米切尔也描述了一座荒废的庞大的月球城市，安格斯·麦克多纳（Angus MacDonall）所绘的这幅图画十分引人注目。

（约4英尺），圆形的头部没有毛发，有两只大眼眶，手臂相当长，手有五指。尸体旁边是一块雕有图案的金属板，类似于1977年"旅行者号"探测器上携带的圆盘。通过对图案进行解码，表明这个外星人是在遥远的"数百万年"前，从火星抵达地球的。

这个骗局很快便被揭穿，但此时，无论是在欧洲还是在美国，已有多家其他报纸纷纷将这个假消息当作事实进行了转载。结果发现，这原来是《火星居民》（Un Habitant de la Planète Mars）的作者亨利·德·帕维尔（Henri de Parville）的劳动成果。

法国科幻小说作家安德瑞·劳瑞（André Laurie，原名帕斯卡尔·格鲁塞特，有时与儒勒·凡尔纳一起写作）在作品《征服月球》

（Conquest of the Moon，1889年）中，让他笔下的月球探险家们发现了古代文明的遗迹。而在乔治·格里菲斯的《太空蜜月》中，男女主人公也是如此，他们在月球上发现了金字塔和巨人族的化石。在约翰·埃姆斯·米切尔（John Ames Mitchell）的《昏昏欲睡》（Drowsy，1917年）中，另一位太空探险家也发现了曾经存在于月球上的磅礴文明留下的遗迹。

加勒特·塞维斯的《爱迪生征服火星》其实是威尔斯的《星际战争》未经授权的"续集"，他在这本书中甚至还往前推进了一步。他提出，火星人在9000年前入侵了地球，绑架了人类，把他们带回火星做奴隶。在地球上逗留的那段时间里，火星人建造了金字塔和狮身人面像，这其实是献给他们领袖的纪念碑。

《圣经》中的不明飞行物

　　《圣经》中讲述了一个神秘的轮子出现在天空中，盘旋在以西结的头顶（《以西结书》10:10），让他惊讶不已。说来也怪，《圣经》中描述以西结所见之物，在现代读者眼中居然似曾相识：

　　……见基路伯旁边有四个轮子。这基路伯旁有一个轮子，那基路伯旁有一个轮子，每个基路伯都是如此；轮子的颜色仿佛水苍玉。至于四轮的形状，都是一个样式，仿佛轮中套轮。轮行走的时候，向四方都能直行，并且不掉转。头向何方，它们也随向何方，行走的时候也不掉转。

　　先知似乎特别容易在天上看到怪异的东西，在《以西结书》前文（《以西结书》1:4-5）中，他还有一回也看到过天上神力显现的幻影：

　　我观看，看啊，狂风从北方刮来，有一大朵云闪烁着火，周围有光辉，其中的火好像闪耀的金属。又从其中显出四个活物的形象。他们的形状是这样的：就像是人的样子。

　　从气象学来看，以西结的轮子非常容易让人联想到当天空中充满了高冰云时可能发生的光晕现象。这些现象可能会蔚为壮观，呈现出同心圆和辐射光的形式。对于那些以前从未见过的人而言（在中东地区这一现象可能很少见），看起来就像是某种超自然之物。再加上一点空想性错视，这景象就几乎可以随意发

挥。（在《使徒行传》中给扫罗留下深刻印象的，可能也是一种类似的现象。）

　　先知撒迦利亚（Zechariah）在（《撒迦利亚书》5:1-2）中写道："我又举目观看，看见有一卷飞行的书卷。他问我：'你看见了什么么？'我回答：'我看见了一卷飞行的书卷，长二十肘、宽十肘。'"这样算起来，先知所看到的物体约为9米（约30英尺）长——让人想起经常见于报端的雪茄形不明飞行物。当然，有关从天堂降临到人间的天使、上帝和尼非订[30]，以及生活在人类中间的半人尼非订的无尽描述，都成了狂热者们的素材，他们宁愿相信，《圣经》是外星人造访地球的真实记录。

对页图：以西结在《圣经》中目睹的景象与在特定条件下可能发生的复杂光环现象非常相似。不难理解，这样的情景会给那些以前从未见过类似情况的人留下何等深刻的印象。

右图：过去千百年间，对以西结目睹的离奇之物曾经有过多种解读，从天使、外星人到不明飞行物，不一而足。1974 年，美国国家航空航天局一位名叫约瑟夫·布卢姆里奇（Josef Blumrich）的雇员写了整整一本书，试图证明以西结所见的景象其实正是对一艘外星飞船的描述。

他不仅是首批描写外星人绑架的作家之一，还可能首次提出了外星人或许是古代纪念碑的创建者这一观念，比埃里希·冯·丹尼肯（Erich von Däniken）那部《众神的战车》（Chariots of the Gods，1968 年）提前了 50 年之多。

尽管作家奥托·威利·盖尔（Otto Willi Gail）的《乘着火箭去月球》（原名 Hans Hardt's Mondfahrt，英译名 By Rocket to the Moon，1928 年）中没有出现任何别具外星特色的外星人，但确实存在着一些似曾相识之处，

例如太空探险家在去往月球的路上发现了一颗小行星，上有一间密不透风的密室，他们在其内发现了祭坛的残迹。一块金色的石板上刻着一个奇怪头颅的形象："一个人头，头骨颅长，歪斜的杏仁眼。"当其中一名探险者注意到，这个雕像的前额上刻着像是 "ankh" 符号的图案时，他们开始推测这是什么。"这是所有地球种族的原始符号！"探险家喊道。尽管他们花了些时间来思考个中含义，宇航员们接下来还是继续踏上了登月之旅，任凭读者对这个奇

上图：在世界各地都有岩画（岩石雕刻）出现，其中有许多描绘了奇怪的生物。汪洋恣肆的想象使许多人相信，这些岩画正是古代外星访客的证据。图中所示的岩画发现于意大利的瓦卡魔尼卡（Val Camonica），可能已有一万多年的历史。

上图：南马都尔是密克罗尼西亚的一系列人工岛上的庞大石质建筑，建于 12 世纪到 13 世纪之间，与巴黎圣母院大教堂的建造时间大致相同。然而，许多古代外星人的支持者却把它们归功于外星人的干预，而非正确地归结于非欧洲文明本身具备的令人钦佩的工程技艺。

怪图案的重要性有怎样的自发想象，直到最终在月球上发现亚特兰蒂斯的废墟。

尽管许多其他科幻作家都曾随口提出过类似想法：上古有外星人造访地球，也许还曾干扰过生物的进化或文明的发展，但这个主题几乎被归入了廉价低俗书报一类，直到 1968 年，埃里希·冯·丹尼肯出版了《众神的战车》。尽管这一基本理念已经存在了很长一段时间，但冯·丹尼肯提出了一种理论，即不仅地球上大部分古代文明是由外星人缔造的，而且就连他们的艺术、文化和纪念碑也属于外星人的功劳。他认为，外星人不仅曾在远古时代到访过地球，而且还直接或间接地导致了从巨石阵、金字塔到普马彭谷神庙（Pumapunku）和南马都尔（Nan Madol）这些古迹的出现，普马彭谷神庙和南马都尔分别是玻利维亚和密克罗尼西亚的古代石质建筑群。

这一理论存在几个方面的疑问。首先是数千年前的古人不如现代人聪明这一假设。冯·丹尼肯的著作乃是基于这样一个前提，即古代人类无力凭借自身发展出艺术、技术、科学和文化，而必须经过外星人传授。

其次，另一个问题在于，大多数据推测在其建筑过程中获得过外星人援手的巨石结构，往往与非白人或非欧洲人有关。巨石阵只是欧洲为数不多的例子之一，否则这种理论的立场就成了：北美、南美、太平洋区域、亚洲、非洲和中东的古代民族根本无法构想和建造大

……我们眼前所见的，正是某种智慧生命建造的成果……

——帕西瓦尔·罗威尔，1894 年

型的复杂建筑。可资反驳的一条论据是，法国沙特尔圣母大教堂或巴黎圣母院没有获得过外星工程师们的帮助，所以没必要说秘鲁人就得需要外星人帮助，才能建起马丘比丘——它的建造时间与欧洲这些大教堂大致相同。自从冯·丹尼肯的第一本书问世以来，专业的考古学家就对书中的许多想法表示反对，而且毫无疑问，在未来若干年还将继续引发争论。

《吠陀经》乃是以梵语写就的圣典，成书于公元前 1500 年至公元前 500 年之间，经常被世人所引用，其中被认为包含着古代外星访客的证据，包括有关巨大的圆盘形飞行器的描述，这种飞行器被称为"维曼纳斯"（vimanas），以金属制成，由穿着制服的飞行员驾驶。按照一些读者的解读，这些经文暗示维曼纳斯是由核能驱动的，并且携带着令人难以置信的强大武器。在印度神话中，确有被称为"维曼纳斯"之物，但它们与不明飞行物文献中描述的巨型飞行堡垒完全风马牛不相及。"维曼纳"（vimana）这个词最初指的是宫殿。因为庙宇是众神的宫殿，所以"维曼纳"一词被用来描述印度教诸神的家园。最终，众神的巨型飞行战车也被称为"维曼纳斯"，由飞马甚至鹅儿拉动，按照经文的描述，这些战车可以独自飞行，后来又被描绘为规模宏大，甚至如宫殿般壮观——不过始终带着轮子，一望便可知其起源。经文还称维曼纳斯上有金梯、镶嵌昂贵宝石的装饰、涂抹灰泥的露台，甚至种满果树的花园。这些描述都与飞碟没有半点相似之处，这一点千真万确。

有关形似飞碟的维曼纳的描述并非出自正统的古印度经文，而是来自 1952 年印度国际梵文研究院主任卓思雅（G. R. Josyer）所写的一本书：《维曼尼卡经》（*Vaimānika Sātra*，即 *The Science of Aeronautics*）。据称，该书于 1918 年通过灵界口述，以类似扶乩的方式写成，但却是在卓思雅的书中初次提及，他将经典中的维曼纳斯描述得与现代飞机相似，具备先进的推进系统和技术，甚至能进行星际航行——上述所有内容在正统的古代经文中都未有提及。

其他一些态度更为严肃的（如果说错误程度不相上下的话）研究人员认为，原始民族可能对外星来客有文化记忆。在《天狼星之谜》（*The Sirius Mystery*，1976 年）中，美国作家罗伯特·坦普尔（Robert Temple）提出，大约在 5000 年前，西非的多贡人（Dogon）曾与水陆两栖的外星人有过接触。这些外星人来自环绕天狼星运转的行星，被称为"诺蒙"（Nommon）——向多贡人传授了有关天狼星的知识，坦普尔相信，若非如此，他们不可能通过其他方式获得这方面的知识。然而，卡尔·萨根等人指出，多贡人很容易从欧洲游客身上获得这方面的知识，他们早在 20 世纪初就与多贡人有过往来。既然天狼星是夜空中最亮的一颗星，而且毫不意外地还是多贡文化的重要组成部分，那么得知关于他们神话的讨论很快演变成了这样的主题，也就没什么好震惊的了。

另一个令信徒们信以为真的古代外星人支持者是近东古文明研究领域专家撒迦利亚·西琴（Zecharia Sitchin）。他的理论见其

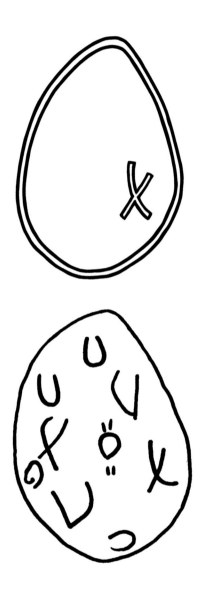

上图上、下：几位研究人员将这幅多贡图（上）解释为展示了天狼星（X）及其看不见的伴星（椭圆）的轨道。然而，原始图画（下）中还存在许多其他不同的图形，为了证明他们的论点，这些图形被选择性地删除了。

对页图：神圣的梵语经文《吠陀经》中的一些段落，被解读为对巨大的核动力宇宙飞船的描述，这种飞船名为"维曼纳斯"。

上图：撒迦利亚·西琴（1920—2010）让海王星外一颗名为"尼布鲁"的行星的存在广为人知。有许多他的追随者相信，这颗行星所处的轨道最终会与地球发生碰撞。即使是差之毫厘的擦肩而过，也足以造成全球性的灾难，如图中这位艺术家所绘。

卷帙浩繁的系列著作，他认为，大约 45 万年前，来自海王星外的行星尼布鲁（Niburu）的外星人通过改造雌性灵长类动物的基因而创造出了人类。这一理论已成为一种新信仰的基础，被称为"雷尔教"[31]（Raëlian Religion），创始人是一位名叫克劳德·沃利宏（Claude Vorilhon）的前赛车手"雷尔"（Raël），其教旨正是基于西琴的观点，即人类是由外星人在类人猿身上刻意施行 DNA 实验的结果。这一教派在 85 个国家有多达 50000 名教众。

所谓外星人在数百年甚至数千年前到访过地球的想法是否有什么具体的依据呢？很明显，很多人都这么认为（谷歌搜索"古代外星人"有 400 多万条检索结果），即便并无真正有力的证据作为支撑。然而，事实证明，缺乏证据对大多数人来说算不上什么障碍，他们相信，凡是非同寻常的历史事件或人为构建，都只能用外星人干预来解释。

罗斯威尔

1947 年 7 月，在新墨西哥州罗斯威尔附近坠毁的飞碟是现代神话中最为顽固的一个，也可能是无处不在的"灰外星人"之所以生生不息的罪魁祸首之一。据报道，在这次坠毁事件中发现了外星人的尸体，并进行了分析。

一天，一个名叫"麦克"·布雷泽尔（"Mac" Brazel）的农场主发现，有些奇怪的碎片落到了附近的福斯特牧场上。作为一个好

据我所知，1947 年，并没有外星飞船在新墨西哥州的罗斯威尔坠毁……如果美国空军确实找到了外星人的尸体，他们也没有告诉过我，我也很想知道。
——比尔·克林顿总统，给一个来信询问罗斯威尔事件的孩子的回信，1995 年

上图：1947 年，美国陆军派遣的调查人员在调查新墨西哥州罗斯威尔附近发生的"飞碟"坠毁事件时，发现它只是一个用来探测苏联核试验的气球残骸。

奇心旺盛的人，最近又读到过关于飞碟的文章，他便把这个发现报告给了当地的县治安官，后者又把这一信息传递给了附近的罗斯威尔陆军机场（Roswell Army Airfield）的指挥官。军队派来了调查人员，但是他们发现的东西并不太像飞船，只有大约 2.3 千克（5 磅）重的铝和薄箔。

实际上，他们立即就辨认出了这是什么：一个"莫古尔计划"（Project Mogul）气球的残骸。由一长串气球组成，携带着超低频天线，用来检测苏联的核试验。不用说，这个项目看来是秘密试验，当局不希望遭到曝光。

然而对他们来说，不幸的是，在打电话给县治安官之前，布雷泽尔已经联系了当地的

报纸。报纸适时报道了布雷泽尔得出的结论，即他发现了坠毁的飞碟残骸。第二天，报纸刊登了一篇撤回报道，称这些碎片仅仅来自一个"气象气球"，以及布雷泽尔本人对如此轻率地谈论此事表示懊悔。

这就是本次事件的来龙去脉，直到 30 多年后，UFO 的支持者们开始研究那些几乎被世人遗忘的旧事时，开始挖掘出那些往往自相矛盾的模糊记忆。当天发生的这起事件也与十多年来发生的其他无关事件合并在了一起。例如，有一位目击者称，他看到一个大脑袋外星人走进了空军基地医院。他说的有一半是实情：1959 年，一名军官被气球吊舱击中了头部，头脸肿胀到沙滩球大小，但他仍然能够自行走

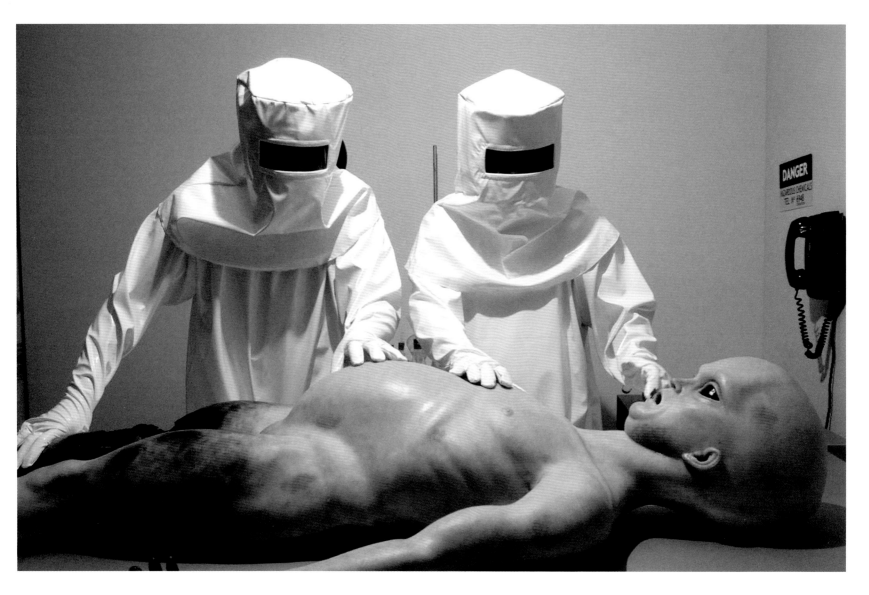

进医疗中心。另一位目击者则报告,他目睹了三具熏得漆黑并遭到破坏的小型尸骸被执行了尸检,这也与三名飞行员在罗斯威尔附近坠毁,尸体遭到严重烧伤,并在当地进行尸检的情况是一致的。

在过去数十年间,这些事例以及其他十几起类似的"证据"呈指数级发酵,直到最终演变为成熟的神话体系,并变成罗斯威尔小镇上的家庭作坊的生计来源。

随着 UFO 神话的发展,越来越难以区分到底哪些是无可非议的兴趣,哪些又只是自吹自擂和为了博取显著的商业利益。毕竟,那些声称能够证明 UFO 来自外星的书籍、电影和纪录片,要比持怀疑态度的同类著作畅销很多倍。这一切都可以理解,因为谁会喜欢在派对上扫兴的家伙呢?心态开放肯定是没错的,一个绝不接受任何批评意见的铁杆 UFO 迷与一个绝不接受任何相关证据的铁杆怀疑论者之间,其实并没有太大的区别;但究竟是保持着开放的心态,还是不加批判地接受耳闻或阅读的任何消息,这二者之间却有着天壤之别。

上图:臭名昭著的《解剖外星人》(图中是为一家博物馆重现的场景)是 1995 年拍摄的一部电影,据说是为了展示罗斯威尔坠毁事故中找到的其中一个外星人被一群军医解剖的场景。实际上,这部电影纯属杜撰,很快就被拆穿了。

对页图:UFO 和外星人已经成为新墨西哥州罗斯威尔小镇上的一个主要产业。正如这座城市自身所言:"正是 1947 年的罗斯威尔事件让罗斯威尔出现在了地图上,而我们的 UFO 景点、活动和商店也不会让大家失望。"

我确知一点，就在罗斯威尔坠毁事件之前，现代报道中最早提到的 UFO 还是回旋镖的形状。之所以会被报道为"飞碟"，是为了描述它们飞行的动作，就像碟子在水面上跳跃前进。然而，就在那次事件之后，人们就目击并拍摄到了碟形的飞行物，回旋镖形的飞行物却很少有人看到。现在，人们大多表示看到的是大三角形，而不是圆盘形或回旋镖形，因为他们听说飞碟应有的模样就是如此。

——托姆·夸肯布什 [32]，2013 年

外星人产业

几十年以来，UFO 和外星人已经成为一个繁荣兴盛、利润丰厚的行业的基础，这一事实在新墨西哥州的罗斯威尔最为显而易见，UFO 观光旅游每年能带来 150 万美元的收入。国际 UFO 博物馆和研究中心是本地景点中最富于想象力的重点场所，是受 1947 年那场声名狼藉的飞碟"坠毁"事件的启发而建成的，据称坠毁正是发生在罗斯威尔附近。

本页及对页图：除了宣传"灰外星人"（对页左图）的展品之外，博物馆还赞助了一些活动，如外星人装扮比赛（对页右图）、讲座、电影和艺术展。这也是每年一度的"罗斯威尔 UFO 节"的中心。但这家博物馆并非"外星人高速公路"（官方名称是 375 号高速公路）上的唯一景点。这里的外星人和 UFO 纪念品琳琅满目，许多企业都竭尽所能地设法招徕好奇的游客。

第一次接触：可能会发生什么？

但是，如果 SETI 成功了呢？作为一个智慧物种，我们是否会坦然地接受之后发生的一切变化？
——迈克尔·卡罗尔，2016 年

对页图：美国科幻艺术家凯莉·弗里亚斯（Kelly Freas）为弗雷德里克·布朗（Frederic Brown）的经典之作《火星人回家》（Martians Go Home，1954 年）创作的插图，似乎画的是一个火星人正困惑不解，人类为何对外星人如此痴迷。

若是以为一旦传出发现外星生命的消息，全世界就会一片恐慌，这种想法未免显得有些天真可笑。现在，大多数人仅仅把外星生命存在的可能性视作理所当然。一项民意调查显示，多达 2/3 的美国人都相信有外星人存在，这一点简直不足为奇——毕竟经过了科幻小说和科幻电影上百年的洗礼，以及几十年来的各种科学发现，例如存在着成千上万颗其他行星，正环绕着其他恒星运行。甚至在科幻小说中，还有一种亚体裁，专门讲述"第一次接触"类故事，这也是《星际迷航》电影的副标题。由于这个原因，在 1996 年的影片《独立日》和《火星人玩转地球》（Mars Attacks!）中，还有群众满怀热情地欢迎外星访客的出现——虽然从情节上来看，这样做未免有点为时过早。

可能是出于这些原因，同样的民意调查显示，那些相信外星人存在的人当中，有大部分都表示，如果外星生命的存在得到证实，他们的反应会是"兴奋和期待"。调查对象中，80% 的人认为，具有智慧的外星人在生理和技术上会比人类更为先进，还有 90% 的受访者表示，人类应该回复任何可能会从外太空收到的消息。

这些想法似乎不受政治观点的左右，无论是保守派还是自由派人士，都对此表示认同。超过一半的无神论者认为外星生命存在，而只有大约三分之一的基督徒相信这一点，这或许也在意料之中。不同宗教信仰之间的意见分歧则更引人注目。一旦发现外星生命，世界上的若干宗教都将会面临最大的难题，尽管每个信仰和教派对此均有自己独特的观点。佛教教义向来信奉宇宙是由成千上万个大千世界组成的，其中各有众生居住，基督复临安息日会教徒（Seventh-day Adventists）和罗马天主教徒也将此想法纳入最为欢迎之列。早在 20 世纪 20 年代，布尔日天文台（Observatory of Bourges）的创始人西奥菲勒·莫罗神父（Abbé Théophile Moreux）就曾力主，在火星上存在

智慧生命，甚至还为此写了一本书，专门宣讲这一理念。

犹太教徒和印度教徒相信外星人存在的比例几乎相同，而穆斯林则有超过 40% 的人接受这种可能性。也许并不令人意外的是，摩门教和山达基教[33] 是若干仅有的彻底信奉外星生命理念的宗教之一。基督教教会内部的关键争论是，外星人是否也会遭受原罪的折磨，并需要基督的拯救。2014 年，教皇方济各（Pope Francis）提出，任何外星人如果觉得有必要到访地球的话，都欢迎他们前来受洗。

一些人认为，与外星人的第一次接触可能确实带有宗教色彩。第一批降临地球的外星人说不定就是传教士，来这里是为了以他们自己的神的名义给人类施行洗礼——这种可能

性并没有逃过科幻作家们的注意。他们当中，有些人曾思考过异世界是否也存在外星救世主，而另一些人则想象着基督本人正穿梭于一颗颗星球之间。美国科幻作家詹姆斯·布利什（James Blish）有部著名的小说《事关良心》（A Case of Conscience，1958 年），探究了当一颗行星被发现，其上的居民从未失去天恩，此时一名虔诚的牧师所面临的道德困境。

大多数宗教对外星人的立场似乎与众多犹太学者的观点一致，他们认为，只要上帝和人类之间的关系保持不变，就不会有任何问题。似乎仅有基督教和伊斯兰教中最为原教旨主义的那部分信徒，才会干脆连外星生命存在的可能性都拒绝承认。他们固守的原则是，不仅地球如此，就连整个宇宙都是仅仅为了人类的利

上图：很可能是受到冷战时期恐惧的刺激，20 世纪 50 年代，不明飞行物和外星人在相当程度上都与对地球的恶意入侵有关。图为在华盛顿特区上空盘旋的三只飞碟，这部电影被恰如其分地命名为《飞碟入侵地球》（1956 年）。

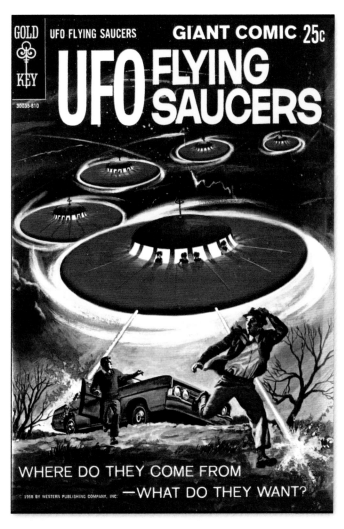

左上图：对于 1968 年的漫画书《UFO 飞碟》（*UFO Flying Saucers*）提出的问题："他们从哪里来——他们想要什么？"也许可以这样回答："我们不知道……来接管地球。"

右上图：1954 年这本低俗杂志的封面由美国艺术家梅尔·亨特（Mel Hunter）创作，暗示了在人类与外星人的冲突中谁会是赢家，特别是在冲突发生于外星人地盘上的情况下。

益而创造的。

其他科学家则倾向于略加深入地研究与外星人接触的问题。2016 年，《英国皇家学会自然科学会报》（*Philosophical Transactions of the Royal Society*）举办了一次关于这一主题的论坛。约翰·扎内奇（John Zarnecki）教授和马丁·多米尼克博士（Dr. Martin Dominik）提出了关于外星人和人类会面的国际协议问题，并表示联合国和平利用外层空间委员会（Committee on the Peaceful Uses of Outer Space，下文简称 CPUOS）已经拟定了这样一种不具约束力的协议。该委员会成立于 1959 年，目的是促进外太空发生的引发国际关注的事件得到顺利解决，包括可能会导致全球性影响的自然灾害，例如小行星撞击。由于人类和

外星人之间的交流同样可能影响到世界各地的人们，所以像 CPUOS 这样的国际政治机构非常适合对第一次接触加以监督，并控制其对社会产生的影响。出于同样的原因，扎内奇和多米尼克猜测，第一次接触并不会引发全世界范围的恐惧和惊慌，至少在没有明显风险的情况下不会如此——比如说飞碟用激光让纽约蒸发之类。他们认为，恐慌场景只不过是传统外星人接触神话中的一部分，但其实没有真正的理由让大家认为会发生这种情况。

但是一旦进行了第一次接触，接下来又会如何呢？可能会出现人类和外星人面对面站着的情况（如果外星人确实能站着，以及如果他们有脸的话），但是他们互相说些什么呢？这就是现代"外星语言学"的主题——我们如

我们的太阳是银河系内千亿恒星当中的一颗。我们的银河系又是宇宙中数以十亿计的星系之一。自认为我们是这片无垠的广袤中唯一的生物，这是一种可能性微乎其微的假设。

——沃纳·冯·布劳恩[34]，引自《纽约时报》。1960 年 4 月 29 日刊

何与外星种族进行交流？我们能够进行交流吗？少数好莱坞电影触及了这一主题：《第三类接触》、《超时空接触》（Contact，1997 年）、《深渊》，以及最近的《降临》（Arrival，2016 年）。

如同许多研究过这个问题的科学家一样，这些电影假设，人类与外星人之间的交流差不多就是个解码问题。就像一个挪威人要与一个塔希提人见面，而两个人谁都不会讲对方的语言一样，两个有智慧的人用不了多长时间，就能够开始交流想法和观点。

然而，很有可能的是，外星种族与我们差异极大，以至于根本不可能进行交流。用卡尔·萨根的话来说，彻头彻尾的外星种族可能根本无法分辨出人类和菊花之间的区别。

在 CPUOS 论坛上，部分科学家认为，人类该为应付最坏的情况做准备，为第一次接触做准备，正如人们可能会为小行星撞击做准备那样。英国古生物学家西蒙·康威·莫里斯（Simon Conway Morris）教授认为，地球上生命的进化历程——尤其是不遗余力对物种存续的不懈追求——可能会在宇宙的某些地方重现。此外，这种求生的本能可能正是驱使一个物种进入太空的原因，也正是由于这一原因，驱使他们对类似我们这样具备各种自然资源的异星进行探索——也可能是剥削。虽然看起来似乎大多数人都对外星生命的发现表示欢迎，并且也认为不会对自身的信仰和福祉构成任何威胁，但也有像莫里斯教授这样的人敦促人们保持警惕。他们援引了地球本身的发展史，每当更为"先进"的文化与相对落后的文化发生接触时，曾经发生过什么样的情况。一个经典的例子（但绝非孤例），是西班牙在 16 世纪中叶发现了印加帝国。当地的土著人民遭受了奴役，被迫改信基督教，凡是不肯就范的人都被处死。外来的疾病导致人口锐减，印加人的城市遭到摧毁，取而代之的是由西班牙征服者建造起来的新城，他们原有的语言和文化则被系统地消灭了。

在此基础上，赫伯特·乔治·威尔斯更进一步地认为，外星人可能对人类完全漠不关心，以至于会理所当然地把我们彻底消灭，就像人类前往某座岛屿定居之前，可能会消灭岛上带来不便的害虫那样。他们可能极为先进，以致无法将我们与藻类和细菌区分开来。

因此，在期盼外星人和人类之间发生第一次接触时，或许停下来审慎地思考一下自己想要的到底是什么，才是明智之举。

右图：外星人是救世主还是征服者？这幅图出自维吉尔·芬莱（Virgil Finlay）之手，绘于 1950 年，他是美国科幻艺术的大师之一。这幅图似乎对这个问题给出了一个模棱两可的答案，这张照片既令人着迷，又具有奇特的威胁感。

注释

1 大卫·布林（David Brin，1950— ），美国著名科幻作家、物理学家、NASA顾问。大卫·布林擅长将浩渺的宇宙空间和各种外星生物独特的文化呈现在读者面前。其代表作有《邮差》（1997年被搬上电影银幕）、《水晶天》以及雨果奖获奖作品《星潮汹涌》《提升之战》。布林的新小说《生存》（*Existence*）探究了以下终极问题：数十亿颗行星产生生命的时机已经成熟，那么，它们都在哪儿呢？（如无特殊标注，注释皆为译注）。

2 约翰·艾略特（John Elliott，出生日期不详），利兹贝克特大学情报工程系教授、英国SETI研究网络（UK SETI Research Network）的联合创始人，同时也是SETI常设委员会（SETI Permanent Committee）及后检测工作小组（Post Detection Task Force）成员。媒体经常向艾略特咨询专家级意见，他的名字散见于各科学杂志，如《科学美国人》《航空与航天/史密森尼》《BBC聚焦》《新科学家》和《太空》等，他也是"外行星生命搜索行动中最重要的五人"之一。

3 International Astronautics Association，简称IAA，国际学术组织，由知名科学家冯·卡门倡导，1960年成立于瑞典斯德哥尔摩，下设多个委员会。

4 亚瑟·查尔斯·克拉克（Arthur Charles Clarke，1917—2008），英国科幻小说作家。其科幻作品多以科学为依据，小说里的许多预测都已成现实。尤其是卫星通信的描写，与实际发展惊人地一致，地球同步卫星轨道因此命名为"克拉克轨道"。作品包括《童年的终结》（1953）、《月尘飘落》（1961）、《来自天穹的声音》（1965）、《帝国大地》（1976）和《2001》等。还与人合作拍摄富有创新的科幻片《2001年太空漫游》。与艾萨克·阿西莫夫、罗伯特·海因莱因并称为20世纪三大科幻小说家。

5 查尔斯·林白（Charles Lindbergh，1902—1974），美国飞行员，首个成功进行单人不着陆横跨大西洋飞行的人。他驾驶的飞机即"圣路易斯精神号"（Spirit of St Louis）。

6 艾伯塔斯·马格努斯（Albertus Magnus，1200—1280），被誉为中世纪最伟大的德国哲学家和神学家。

7 格劳孔（G. laukon，生卒日期不详），古希腊哲学家柏拉图的堂弟，在柏拉图的《理想国》中，是与苏格拉底讨论的主要人物之一。

8 J.B.S.霍尔丹（J. B. S. Haldane，1892—1964），出生于英国牛津，印度生理学家、生物化学家、群体遗传学家。

9 帕西瓦尔·罗威尔（Percival Lawrence Lowell，1855—1916），美国天文学家、商人、作家、数学家。他曾经将火星上的沟槽描述成运河，并在亚利桑那州的弗拉格斯塔夫建立了罗威尔天文台，最终促成冥王星在他去世14年后被人们发现。

10 托马斯·卡莱尔（Thomas Carlyle，1795—1881），苏格兰哲学家、评论家、历史学家。代表作《法国大革命》《论英雄、英雄崇拜和历史上的英雄事迹》和《普鲁士腓特烈大帝史》，他的作品在维多利亚时代甚具影响力。

11 迈克尔·卡罗尔（Michael Carroll，1966— ），爱尔兰作家。代表作是他的超级英雄系列小说《新英雄们》（The New Heroes）。

12 希俄斯的米特罗多勒斯（Metrodorus of Chios，约公元前4世纪），古希腊哲学家，德谟克利特学派成员，伊壁鸠鲁派的重要先驱者。

13 德谟克利特（Demokritus，约公元前460—前370），古希腊伟大的唯物主义哲学家，原子唯物论学说的创始人之一。

14 K.B.克弗特（K. B. Kofoed，出生日期不详），科幻作家、艺术家，代表作 Ark、*Jupiter's Reef*。

15 拉尔夫·卡德沃斯（Ralph Cudworth，1617—1688）是英国著名的古典主义者、神学家和哲学家，也是剑桥柏拉图主义者中的领军人物。

16 赫伯特·乔治·威尔斯（Herbert George Wells，1866—1946），英国著名小说家，尤以科幻小说创作闻名于世。1895年以《时间机器》一书一举成名，随后发表了《莫洛博士岛》《隐身人》《星际战争》等科幻小说。他还是一位社会改革家和预言家，曾是费边社的重要成员。

17 Barsoom，埃德加·赖斯·巴勒斯的火星系列科幻小说中火星原住民对火星的称呼。

18　阿尔弗雷德·拉塞尔·华莱士（Alfred Russel Wallace, 1823—1913），英国博物学家、地理学家、人类学家和生物学家。华莱士因独自创立"自然选择"理论而著名，并促使达尔文出版了自己的进化论理论。

19　戴夫·艾彻（Dave Eicher, 1961—　），天文杂志主编、科普作家，出版有十多本天文学书籍。1990 年，国际天文联合会以戴夫的名字命名了一颗小行星，名为艾彻 3617，以表彰他对天文学的贡献。

20　伯纳德·勒博维尔·德·丰特奈尔（Bernard Le Bovier de Fontenelle, 1657—1757），法国作家，法兰西学院的一名有影响力的成员，在启蒙运动时期，他因对科学问题的易于理解的处理而闻名。

21　克里斯托弗·雷恩爵士（Sir Christopher Wren, 1632—1723），天文学家，曾任英国皇家学会会长。

22　玛琳·黛德丽（Marlene Dietrich, 1901—1992），生于德国柏林，德裔美国演员、歌手。黛德丽是好莱坞 20 世纪二三十年代唯一可以与葛丽泰·嘉宝分庭抗礼的女明星。

23　理查德·费曼（Richard Phillips Feynman, 1918—1988），美籍犹太裔物理学家，1965 年诺贝尔物理奖得主。他被认为是爱因斯坦之后最睿智的理论物理学家，也是第一个提出纳米概念的人。

24　赫尔曼·奥伯特（Hermann Oberth, 1894—1989），欧洲火箭之父，德国火箭专家，现代航天学奠基人之一。

25　米哈伊尔·戈尔巴乔夫（Mikhail Gorbachev, 1931—　），苏联政治家。

26　哈罗德·尤里（Harold Urey, 1893—1981），美国宇宙学家、物理化学家，在同位素方面具有开创性工作，1934 年因发现氘而获得诺贝尔化学奖。他在原子弹的发展过程中扮演着重要的角色，同时也为从非生命物质发展有机生命的理论做贡献。

27　哈罗·沙普利（Harlow Shapley, 1885—1972），美国天文学家，美国科学院院士，主要从事球状星团和造父变星研究。他提出了银河系的中心不是太阳系，太阳系其实处在银河系的边缘。

28　斯坦利·温鲍姆（Stanley Weinbaum, 1902—1935），美国科幻小说作家。他的短篇小说《火星奥德赛》于 1934 年 7 月出版，受到极大的赞扬。

29　这句绕口的外星语是给机器保镖高特下的命令，让他不要摧毁地球，成为科幻电影中的著名警句。

30　尼非订（The Nephilim），《圣经》中堕落的巨人天使。

31　也称雷尔科学协会，又名雷尔利安运动（Raelian Movement），但其实质并非宗教，而是由克劳德·沃利宏·雷尔于 1973 年创立的一个"科学"团体。

32　托姆·夸肯布什（Thomm Quackenbush, 出生日期不详），美国作家，撰写并出版有"夜之梦"系列中的 4 部小说：WeShadows, Danse Macabre, Artificial Gods 和 Flies to Wanton Boy。

33　Scientology，又名科学教，新兴宗教之一。

34　沃纳·冯·布劳恩（Wernher von Braun, 1912—1977），火箭专家，出生于德国，后加入美国国籍。从事火箭、导弹和航天研究，1969 年，他领导研制的"土星 5 号"运载火箭，将第一艘载人登月飞船"阿波罗 11 号"送上了月球。他被誉为"现代航天之父"。

术语表

吸积
通过引力俘获更多物质，将粒子聚集为一个巨大的物体。

氨基酸
一种大分子，生命的基本构成要素之一。

人类世
当前所处的地质时代，人类活动对地球及其环境产生了重大影响。

AU（天文单位）
地球与太阳之间的平均距离，约为1.5亿千米（约9320万英里）。

生物圈
行星上可供生命存在的区域，包括行星表面、大气和海洋。

彗星
星际间富含冰的天体。当它进入内太阳系，并受太阳加热时，就会释放出气体，形成一道长长的发光尾部。

DNA（脱氧核糖核酸）
一种极长的大分子，是染色体的主要组成部分，也是传递遗传信息的物质。

多普勒效应
物体朝观察者方向靠近或远离所引起的光线频率的明显变化。

戴森球
物理学家弗里曼·戴森提出的一种假想的巨型结构，能够完全将一颗恒星围起，并吸收其大部分

或全部辐射能量。

木卫二（欧罗巴）
按照与木星之间的距离计，木星的第六颗卫星，也是被称为"伽利略卫星"的四颗卫星中最小的一颗，以纪念第一次观察到这些卫星的伽利略。

土卫二（恩克拉多斯）
以体积大小计，土星的第六大卫星，这颗微小（直径500千米/310英里）的卫星是研究生命存在可能性的主要对象，因为在其冰壳下存在着温暖的海洋。

太阳系外假说
主张不明飞行物是来自其他行星的宇宙飞船这一理论。

系外行星
一颗围绕着太阳以外的恒星运转的行星。

外星人
来自地球以外某处的生物。

极端微生物
一种能适应在极端恶劣条件下生存的生物。

费米悖论
本质上，跟"他们都在哪儿呢？"是一个问题。考虑到宇宙的年龄和潜在宜居星球的数量，宇宙间应该充满生命，到处都有显示生命存在的迹象。然而，事实显然并非如此。

木卫三（盖尼米得）
木星最大的卫星，也是太阳系中最大的卫星。

地心说
主张地球位于太阳系中心——或许也位于整个宇宙中心的理论。

适居带
一颗恒星周围的宜居区域，行星处在这一区域时，离恒星的距离既不会过近而导致温度过高，也不会过远而导致温度过低。

大灭绝
二叠纪—三叠纪大灭绝事件，发生在距今约2.52亿年前的地球上，在此期间，大约十分之九的海洋物种与十分之七的陆地物种都消失了。对于这一灾难性事件发生的原因，曾提出过多种假设，包括全球性火山活动、小行星撞击，甚至邻近的超新星爆炸等。

温室效应
行星大气层留存行星从其恒星接收到的热量的过程，致使行星表面温度上升到与没有大气层的情况相比更高的水平。

星际
恒星之间的空间。

光年
光在一年内传播的距离。按光速约30万千米/秒（每秒186000英里）计，约为9.5万亿千米（约6万亿英里）。

趋磁细菌
含有微小晶体的细菌，使它们能够与地球磁场保持一致。

流星
夜空中在几秒内可见的快速移动的光迹，是由流星体或类似天体通过地球大气层所引起的现象。

流星体
太空中相对较小的岩石或金属颗粒。

陨石
在地球表面发现的流星体。

月球
地球的天然卫星。经常也被随意地用来指代任何体积微小的固态天体，围绕着行星或小行星而非太阳运转的卫星。

NASA
美国国家航空航天局。

星云
外太空中由气体和尘埃组成的大型云团，通过反射星光或作为亮度更高的云层或恒星区域背景上的黑色轮廓而清晰可见。

有机分子
含有碳的分子。

胚种论
该理念认为，生命的基本"种子"，如复杂的有机分子，可以通过恒星辐射的压力在行星之间进行传播。

空想性错视
人类大脑在随机形状中找到有意义图案的倾向，尤其体现为一种在实为随机的图案中发现面孔和人像的倾向。

行星
固态或部分液态的天体，围绕着恒星运转，由于本身过小，无法通过核反应产生足够的能量。

星子
围绕太阳运转的微小固态天体，最终合并在一起，形成行星。

小行星
围绕恒星运行的微小固态天体或小型行星。

原行星
一组物质，主要是气体和尘埃，行星由此形成。

原恒星
恒星形成过程中的早期阶段，仍在从其由气体和尘埃形成的母云中收集质量。

比邻星
一颗暗淡的红矮星，三星系统的一部分，该系统还包括两颗类太阳恒星。比邻星也是除太阳外离地球最近的恒星。最近发现，有一颗地球大小的行星——比邻星 b 围绕着它运行。

脉冲星
一种快速旋转的中子星，释放出能量束，在地球上能探测到这种脉冲信号。

地球殊异假说
这一观点由彼得·沃德和唐纳德·布朗利广为传播，认为允许复杂生命形态发展形成的环境极为殊异，高度依赖于偶然性，因而宇宙中的生命现象非常罕见。

SETI（地外文明搜寻计划）
该计划组织成立于 1984 年，目的是通过监测射电望远镜记录，对发现外星智慧生命存在的尝试进行协调。

太阳系
太阳及围绕其运行的所有天体，包括行星、卫星、小行星、彗星等。

恒星
聚集在一起的大量气态物质，体积大到足以在其核心引发核反应。

太阳
地球及其他行星围绕运行的恒星。

摄谱仪
一种将光分解成其组成颜色的仪器。通过用光谱仪分析恒星和行星发出的光，天文学家可以确定其组成元素。

平流层
地球大气层中位于对流层（最靠近地球表面的一层，大多数天气现象都发生在其中）上方的一层。它从距地球物理表面约 6 ~ 10 千米（约 3.7 ~ 6.2 英里）处延伸到约 50 千米（约 31 英里）处。

超新星
恒星的爆炸，可能是由引力坍塌所引起。

UFO
不明飞行物。

图片来源

感谢以下组织和人员为本书
提供照片和图片。

图片位置标识如下。L= 左，R= 右，
T= 上，TL= 左上，TR= 右上，C= 中，CL= 中左，
CR= 中右，B= 下，BL= 左下，BR= 右下。

Cover: Paul Palmer-Edwards
Endpapers: Getty Images/Mint Images – Frans Lanting

All images by Ron Miller or from Ron Miller's
collection, except the following:

Alamy/ABN Images: 211: BR.
Alamy/A.F. Archive: 154; 185; 208.
Alamy/Frank Fotos: 211: BL.
Alamy/Granger Historical Picture Archive: 139: CL.
Alamy/Robert Harding: 203.
Alamy/MARKA: 202.
Wayne Barlowe: 188.
Richard Bizley, FIAAA, www.bizleyart.com: 66.
Copyright 2016 Kelly Freas: 212.
Getty Images/Bettmann: 138: BL; 139: CL.
Getty Images/Mondadori Portfolio: 198: TL.
Getty Images/MyLoupe: 211: CL.
Courtesy of Peter Greenwood: 147.
Image by Joel Hagen: 89.
© 2012 Stephen Hickman mixed media/digital: 143.
© 2004 by Stephen Hickman: 189: TL.

With the permission of the Estate of Betty Hill: 127:
TR; 132: CL.
iStockphoto/Vertyr: 2–3
iStockphoto/isaresheewin: 54
iStockphoto/Oorka: 2; 14; 50; 114.
Burgess Shale © Carel Pieter Brest van Kempen by
arrangement with Ansada Licensing Group, LLC: 64–65.
"At Home With The Tsailerol" by Karl Kofoed: 177.
Library of Congress: 41: CL; 140.
Thomas O Miller/Atomicart: 189: R.
NASA: 7; 24; 68; 77; 78; 79: TL, TR; 81; 83; 84; 111; 195:
TL, TR; 196: TL, TR; 197.
National Oceanic and Atmospheric Administration
(NOAA): 200.
Images used with the acknowledgement of the
Frank R. Paul Estate: 70: TL, TR.
© Ludek Pesek, heirs, 2016: 125: TL.
REX Shutterstock: 179.
REX Shutterstock/20th Century Fox: 167: TL.
Rex Shutterstock/Century Fox: 170.
REX Shutterstock/Columbia: 168.
REX Shutterstock/ddp USA: 209; 211: CR.
REX Shutterstock/Courtesy of Everett Collection:
165: TL.
REX Shutterstock/Moviestore Collection: 167: TR;
175; 178; 184.
REX Shutterstock/Paramount: 165: TR.
REX Shutterstock/© Paramount/Everett: 173.
REX Shutterstock/StudioCanal: 172.
REX Shutterstock/© Universal/Everett: 174.
REX Shutterstock/ZUMA: 210: BL, BR.
SETI@home, University of California, Berkeley: 100.
Wikipedia/Matteo De Stefano/MUSE: 64

致谢

非常感谢大卫·布林和约翰·艾略特博士的序言及对本书的建议。感谢汤姆·米勒、卡尔·科福德、韦恩·巴洛韦、乔尔·哈根、斯蒂芬·希克曼、彼得·J.格林伍德和劳拉·弗里亚斯为本书提供的图片，感谢克里斯·麦克纳布和苏珊娜·杰耶斯，他们是我孜孜不倦、耐心负责的文字编辑和图片编辑。